バカ勝ち！アイデア

大是文化

比稿勝率88%的點子製造王

點子不須原創，而是發現。

任何要「比」的提案：企劃、產品研發、轉職、升學面試……怎麼讓客戶只選你。

被客戶稱為日本的賈伯斯
比稿勝率高達88%的常勝軍
杉森秀則——著
陳令嫻——譯

目錄

第二章

點子不須原創，只要發現

第三章

化身為你想要提案的對方

第六章 好想法都是「捨」出來的

第七章

發表點子的方式，也需要點子

推薦序

一招化身為對方，求職、提案都能殺出重圍

《看穿雇用潛規則，立刻找到好工作》作者／Miss 莫莉

很多人知道我是求職老師、職場作家，但其實，我的本業是人力銀行社群主編兼任履歷健診顧問。在求職、寫作方面，我都相當有策略。我只寫了四十篇專欄，靠搜尋排名就能出書，甚至在一片書海中殺出重圍。

無論是求職、提案、寫文章，許多人都只從自己的觀點思考。我有不少學生**求職時碰壁，是因為他從來沒有以老闆的眼光來檢視自己**，面試時總是唐突的誠實，說出令對方錯愕的言論。因此，當我讀到本書作者屢戰屢勝的

比稿心法是「化身為對方」時，我深表認同。

過去我求職時，都會想幾個其他人想不到的問題當作最後提問，這讓我能擊敗對手，並獲得錄取機會。本書提到「**一般人都能想到的點子，就不是好點子**」，真是說出我的心聲。

其實我並不是第一個出來寫作的人資，但我選擇從自身專業發想，思考寫什麼可以立刻有能見度，最後我選擇寫薪資觀念和西方求職觀點，並持續書寫、累積代表作。

後來，我加入人力銀行專職寫作。我有個主管是寫作名師，他的寫作功力高深，而且他每次寫作前都會花很多時間選題、蒐集資料、觀摩競品，並思考文章切入的角度是老闆還是員工，最後寫出全新觀點。這讓做事講求快速、高效的我大開眼界。

主管告訴我，他經營的自媒體有四十萬粉絲，全靠他精雕細琢的文筆得來，跟我早年信奉的高速、效率思維大不相同。因為主管的開導，我才學會靜下心，花時間針對議題寫出不同於其他人的觀點，再也不貪快。

我想分享一個小故事：有一陣子，「安靜離職」（按：Quiet quitting，指僅完成工作最低需求的態度）這個話題很紅，大家一窩蜂整理該議題的內涵，或是建議公司應該把安靜離職的人安靜開除（按：Quiet firing，透過讓員工感覺士氣低落、沒動力、被刁難，而讓他們自請離職）。我原本也打算把安靜開除當作我的文章結論，但主管建議我把切入點改成內部創業，不要跟隨大眾的想法。

寫作這篇文章的過程中，我發現：先找出大家都這麼想、絕對不會被採用的平凡想法，了解好題目、好文章標準在哪裡，接著再化身為對方（讀者），就能讓自己的作品更加出色。後來，我甚至因此想到一些對手還沒做的行銷操作，以及沒有人提出的觀點。經過這番鍛鍊，我終於知道寫作高手的要領是什麼。

無論是寫作、提案、求職，本書中許多觀念，與我在職場上獲得成功的心法不謀而合。我很喜歡作者提出的四象限法，還有調查同行的系統性方法，教你馬上想出多元的文案切入點。如果熟讀此書，相信工作上你一定能更順心。

前言

身經三百戰，我比稿勝率八八%

雖然在本書開頭就這麼說很突然，不過我敢向各位保證，點子能夠改變人生。單憑一個點子，就能為你原本跟其他人一樣平凡無奇的人生，帶來一百八十度的大轉變。

點子，能帶你找到工作、促使企劃通過、帶動訂單成交、開發出新產品、成功創業、增強演講技術；點子，還能提升你在組織中的地位、讓你在面試時脫穎而出、改善你的人際關係、讓你通過入學考試跟推薦甄試。

點子，甚至能化為發明，帶來龐大的專利收益。

它就是這麼厲害，能為人生帶來完全意想不到的轉變。

雖然我這麼說，你可能還是會覺得：「我的腦袋一片空白，沒有半點靈感」、「我沒有才能，想不到任何點子」、「真羨慕那些總是有源源不絕想法的人……」。

其實，這一切都是你的錯覺。

點子不是靈光一閃的產物，也不會從天上掉下來，更非有才能的人才想得到，而是所有人都能發現。

贏了上天堂，輸了下地獄

你看過西部片嗎？西部片中，常常出現「Bounty Hunter」這類人物，翻譯成中文便是「賞金獵人」。他們的謀生手段是尋找罪犯，將其逮捕或奪其性命，藉此賺取獎金。

而我，就和這些賞金獵人一樣。

每當看到企業公開招募企劃，我便報名參加，從零開始準備比稿所需的點子。競爭對手都是電通與博報堂等大型廣告公司（按：電通與博報堂，分別為日本規模第一大與第二大的廣告公司），以及其他日本數一數二的製作公司。

比稿，一旦失敗就什麼也沒有，可說是「**贏了上天堂，輸了下地獄**」。

我不是有頭有臉的人物，沒背景也沒人脈，就像四處流浪、賺取獎金的賞金獵人。只不過，賞金獵人靠的是武藝，我則是靠創意贏得比稿、獲得報酬，一路走到現在。

所以，我會培養出「發現點子的能力」也是理所當然。畢竟要是比輸了，不只是為了準備所付出的無數日夜與心血都付諸流水，更重要的是輸了就沒工作，沒工作代表沒收入。

我的其他競爭對手都是上班族，不論比稿結果是贏是輸，他們每個月都有薪水入袋。但我不一樣，我輸了就活不下去。所以，他們和我的認真程度相比，當然是天差地別。

如同賞金獵人沒有固定收入，我也沒有固定薪水，唯一的賺錢手段就是一直提出好點子，比稿一路獲勝。成語「身經百戰」正是我的寫照。我截至目前為止，至少參加過三百次以上的比稿，並且獲勝，因此**我或許可以自稱「身經三百戰」**。

宮本武藏（按：日本江戶時代〔一六〇三至一八六七年〕初期的劍術家、兵法家、藝術家）曾和許多其他流派的劍士一較高下，我也有類似的經驗，只不過我參加的是許多流派的點子大賽，靠著一路勝利獲得的報酬而活到現在。

至今，我每年都還會參加約十五次比稿。每年，**我的競爭對手都是日本頂尖的廣告公司與製作公司，但我的點子獲得採用的機率，卻維持在八八％**。跟我一樣靠提出企劃過活的人，看到這個數字想必會大吃一驚吧！

由於我的獲勝機率如此之高，周遭的人都說我「所向無敵」。

絕對會贏的點子，帶我走出人生低谷

雖然，現在大家都說我所向無敵，但其實我一路走來也經歷諸多波折。當初我離開公司、自立門戶時，沒有半個案子上門，過著水深火熱的日子。無論我花了多少時間想點子，比稿仍屢戰屢敗；就算對自己提出的企劃充滿自信，卻沒有任何一家公司願意採用。比稿一直失敗，代表長期沒有收入。我曾經歷連續三個月沒有半毛錢進帳，甚至在一年內體驗了不只一次。

當時，我已經結婚生子，為了妻小的將來，甚至認真考慮過離婚。我的前途已一片黑暗，但我想，妻子即便帶著小孩，或許還有再婚的機會。

我付不出房租，也拿不出生活費，只得為了生存去借錢。不但向銀行低頭，甚至找上了高利貸。當時我手上一共有四張信用卡，靠著以卡養卡，撐過一天又一天。

這種生活簡直像在走鋼索，我好幾度想從鋼索上跳下去。

我也曾想過要轉換跑道，挑戰沒有經驗的職業。儘管寄了幾次履歷，卻都在書面審查的階段就被刷掉了。現在想想，對方淘汰我才是為了我好，但當時的我可是抱著必死的決心投出履歷。

正當我的日子一天比一天難過，心想「已經不行了」時，突然有個空前絕後的機會從天而降——那是一個大型企劃，之於我彷彿芥川龍之介的短篇小說名作《蜘蛛之絲》中的蜘蛛絲。

《蜘蛛之絲》的主角犍陀多，脫離地獄的唯一機會是佛祖垂下的蜘蛛絲。而這個大型企劃也正如這條蜘蛛絲一般，是我最後一次翻身的機會。

「要是錯過這個機會，我就完了……。」

所以，當時我真的是拚死拚活，無論如何都要把握這個機會。我徹底思考：「究竟什麼樣的點子才可能大獲全勝呢？」

我因此鉅細靡遺的分析過去失敗的原因，**漸漸發現「會贏的點子」和「會輸的點子」之間，確實有所分別**。而我也發現只要用上某個招數，就能獲得「會贏的點子」。

於是，我靠著這招發現各種創意，把握各類渺小的機會，贏過一次又一次比稿。

現場經驗累積而來，最有效的點子發現法

本書將首次公開，徹底改變我人生的所向無敵點子發現法。

我長期以來，賭上身家參加比稿，自然而然領會許多發想的辦法。**這些招數都是我自學得來，正確來說，是我透過經驗學會的第一手技術**。

我每次參加比稿，都像落後對手三分的足球選手，在傷停補時（按：足球比賽中無論遇到入球、犯規、球員替換或球員受傷需要治療等情況，都不會停止計時，而是將這些暫停比賽的時間累計，並在當前半場常規時間耗盡時補足。補上的時間稱為傷停補時，或簡稱補時）一口氣逆轉比賽。因此，

我的招數可說是帶來奇蹟的絕招。

我既不是企業高層，也不是大學教授，更不是什麼創意講座的講師，而是以企劃一較高下的第一線人員。換句話說，本書不是描述關於點子的概念或理想，也不是離開比稿第一線的老人回憶錄，更不是幾乎沒有實際經驗的作者單純闡述理念，而是真心分享如何獲得最強點子的實用書。

透過本書，我想解開大家認為點子是「靈光一閃」、「從天而降」、「特殊能力」的錯覺，解說所有人都能使用、發現點子的方法。書中內容，全部都是我的原創想法，稱得上是「終極版點子製造法」。

日本知名料理家栗原晴美，時常把「分送」掛在嘴上。我很喜歡這個詞彙，覺得它非常能代表日本優美的文化，所以，我想把自己身經三百戰得到的點子發現能力，分送給大家。

本書的亮點在於「四大絕招」：

一、化身為你想要提案的對方。
二、先想出對手也會想到的點子。
三、開始思考前，先找一面空白牆。
四、捨棄九九%，創造最強一%。

大家看了或許會覺得莫名其妙，這四件事跟點子究竟有什麼關係呢？

然而，我就是靠這四大絕招發現點子，加以推敲琢磨，完成的企劃最終獲得採用。其實，我本來並不想公開這些祕笈，畢竟我還想繼續百戰百勝。

當你想不到點子時，隨手翻閱本書中喜歡、有感的章節，你應該就能獲得構思的線索。

發現點子的過程，一點也不辛苦、麻煩，反而是讓人感到雀躍與興奮，是場樂趣無窮的感人體驗。相信你也能靠本書感受到這些喜悅。

期盼你能透過本書，發現傑出創意，改變自己的人生與未來！

第一章
比稿這件事，其實很殘酷

01 我一個人，單挑日本第一、第二大廣告公司

不受學歷、經歷與所屬組織的規模影響，優秀的點子就代表一切。

它必定能為你的人生，帶來一百八十度大轉變。

首先，談談「靈感」。

人類的歷史，可以說是由「靈感」累積而成。要是大家都不曾靈光一閃，人類也不會持續進化。

倘若阿基米德（Archimedes）泡澡時睡著了（按：據說阿基米德在泡澡時發現了浮力），或是艾薩克・牛頓（Sir Isaac Newton）經過蘋果樹時只是在發呆（按：據說牛頓因一顆樹上掉落的蘋果，而發現萬有引力），人類的發展恐怕就不是今天的模樣了。

插畫常以「燈泡亮起來」代表靈光一閃，靈感的確都是出現在剎那間，瞬間顛覆了整個世界。這種情況不是只會發生在偉人身上，也會出現在如同你我的一般人日常生活中。

正是靈感帶來的新點子，改變了我們的人生。

我在班上成績最差，卻能進入NHK工作

相信大家都曾經在商業會議上，或與朋友閒聊時，接觸到新的想法，頓時間恍然大悟：「原來如此！」、「這麼做很有意思！」、「原來還有這一

招！」並在自己心中留下強烈印象。

最能打動人心的，就是點子。

無論是商業（新系統或新產品）、學問（前所未有的觀點或學說）、藝術（前衛的表演方式），甚至是運動（新奇的戰術）領域，史無前例的創新都可能衝擊整個業界，進而成為新常識。

我一直重複的「點子能夠改變人生」，其實一點也不為過。它就是具備如此強大的力量。

而我的人生，可以說是一路靠著點子走到現在。

在我即將大學畢業、準備找工作時，前途簡直是一片黑暗。畢竟，我大學四年只拿了六個「優」（也就是只有體育拿到優的意思，而這是所有人都能拿到的），身邊的同學都拿了四十個以上。

我雖然成績比人差，志氣卻比人高，只應徵最難入行的大眾傳播。當日本放送協會（ＮＨＫ）錄用我時，身邊的人都驚訝得啞口無言。我到現在都還忘不了，班上最漂亮的女生平時都用輕蔑的眼神看我，聽到我錄取NHK的瞬間，看著我的眼神充滿了敬意。

像我這種人，憑什麼能進NHK工作呢？明明筆試的成績倒數，數學和理科一題也答不出來，直接抱鴨蛋。正因如此，我把分數賭在作文和面試，靠這兩項成績克服數學與理科的不足。

而作文跟面試，之所以能拿高分都是靠點子。

好點子在手，誰都能打敗巨人

後來，我辭去NHK的工作，改當接案的廣告導演時也是一樣。每次比稿都是靠好的提案獲得勝利。這樣的生活，已經過了二十五年。

近期，我甚至拿下價值好幾千萬的大工作，這也只是靠點子而已。

當我向認識的製作人報告這件事時，對方說：「你又打敗電通跟博報堂了嗎？就憑你一個人嗎？你果然是『進擊的小人』！」

他的譬喻實在很巧妙。我一個人，單挑日本數一數二的大型廣告公司等「巨人」，而且憑藉自己的能力獲勝。在周圍的人看來，我的確是「進擊的小人」。換句話說，只要好點子在手，任誰都能打敗巨人，博得意想不到的收入、地位與名聲。

日本俗諺說，厲害的工匠是「靠一隻手賺錢」。而我，則是「靠一顆腦袋賺錢」。發現點子絕對不是什麼超能力，而是所有人都能學會的方法。本書中，我將首次披露自己的做法。

02 不是所有浮現腦海的思緒，都稱為點子

提案打安全牌、臨時想到就隨意採用的主意，
這世上充斥了各種爛點子。
就靠你來驅逐劣幣吧！
好點子具備瞬間打倒一切的強大力量。

不是所有浮現腦海的思緒，都稱得上是點子。
就算當事人認為「我突然有個絕妙的靈感」，也不見得就是好想法。無

法感動他人，就只能算是臨時起意。**只有自己滿意，稱不上是好的創意。**

因為點子的主角不是你，而是對方。**自以為是的主觀想法無法打動人心，唯有能觸發對方熱情的，才稱得上是點子。**

換句話說，**點子必須客觀。**

無法帶來成效的，都不是好點子

除此之外，許多人經常忽略一項事實：點子和「勝負」息息相關。

例如，企劃需要點子。沒有人會兩手空空參加企劃會議或簡報。要是對方決定不採用你的企劃，就代表你輸了。

此外，其實面試也需要點子。頂著空空的腦袋參加面試的人，往往不是自信過頭，就是漫不經心。一般人在面試之前，都會準備能展現自己優點的資料或說明。但如果這些無法打動面試官，就得不到工作機會。

至於自己創業的人，則要推銷自己提供的服務或產品，要是無法引起客戶興趣，創業便會以失敗告終。

無論是哪種場面，**無法帶來成效的點子，都稱不上是點子**。

換句話說，點子並不是放空時隨意想想、覺得「這好像還不錯」的悠哉想法。好點子一定能瞬間打敗其他主意，其強大力量一如鋒利的刀劍，銳不可擋。

第一名以外的都是輸家，輸家一毛也拿不到

企業的影像企劃比稿就是我的戰場，這種場合正是點子的競賽。

職業運動競賽中，冠軍以外的人往往也能領到獎金，例如足球賽與高爾夫球賽，即使並非冠軍，得到銀牌或銅牌也能代表這個運動員在業界的地位。又例如賭馬與樂透，沒押中冠軍或是頭獎，也有二獎、三獎等金額較低

的獎賞。這些比賽的機制，原本就是某部分人可以獲得一定程度的利益，而非一人獨享。

但是，比稿可就完全不一樣，勝敗一目瞭然。

無論參加人數多寡，能贏得比稿的只有一個點子、一家公司，沒有第二名與第三名。第一名以外的都是輸家，而輸家一毛錢也拿不到。

不僅如此，為了參加比稿而購買的大量資料、耗費數星期的心血結晶，也全部付諸東流。以金錢來衡量，不僅時薪零元，還得吞下其他損失。

比稿失敗，表示接下來我一毛錢都賺不到，這讓輸了比稿的懊悔更是筆墨難以形容，真的是心情無比低落，盪到谷底。

直到現在，我每年仍持續參加多場比稿、寫許多企劃書。我仍站在第一線，是真正靠點子賺錢的職業專家。

倘若我提出的企劃輸了，代表那稱不上是點子，只不過是我自以為是的想法。因此，我經常把這句話掛在嘴上：「**不會贏的點子稱不上點子。**」

03 靠團隊腦力激盪？一個人想比較快

點子具備改變世界的力量。
要是能發現優秀的點子，
別說靠它吃飯，獲得巨額財富也不成問題，
所有願望都能實現。

讓我們再次確認「點子的力量」。
無論是風靡一時、掀起廣大熱潮，或是一夕之間爆紅的事物，全都是源

自好點子。與眾不同、前所未見，都不是小聰明的產物，而是「點子力量」的結晶。

此外，點子的力量不只能發揮在商品或服務上。

舉例而言：文字、文案類別，有日本每年舉辦的「流行語大獎」；而若是談到科學類的話，許多諾貝爾獎得主都曾表示自己的發現是「在散步時靈機一動」。

至於藝術領域則有更多實例，這裡就僅以西班牙藝術家巴勃羅・畢卡索（Pablo Picasso）與法國畫家克洛德・莫內（Claude Monet）兩位為例。畢卡索的立體主義（Cubism）出自「改變觀看的角度，在同一個畫面呈現不同角度所看見的世界」的想法，莫內的印象派（Impressionism）則是源自「著重光影」的靈感。

小說創作領域也有許多例子。例如，出生於奧匈帝國的作家法蘭茲・卡夫卡（Franz Kafka），其著作《變形記》（*The Metamorphosis*）便是以「主角早上起床，發現自己變成一隻巨大的昆蟲」的奇特設定為主軸；日本作家夏目漱石的《我是貓》，從貓的視角來描寫主人翁；英國作家J．K．羅琳（J.K.Rowling）的《哈利波特》（*Harry Potter*），則是學習魔法的少年成長故事。

這些作品都是運用出類拔萃、前所未見的點子來吸引讀者，而成為暢銷書籍。

即使靠團隊腦力激盪，點子仍是個人成果

世界上，有許多人是靠點子的力量過活。

例如，發明家便是以此維生。這些人不隸屬於特定組織，持續研究發明，運用他們的原創取得專利，終其一生憑自己的能力賺取錢財。

豐田集團的創辦人豐田佐吉，人稱「紡織機王」，是日本發明家的先

驅。而現在，全世界可能有數十萬、數百萬名發明家。

此外，也有人靠著寫書、作詞得來的版稅生活。

當然，有許多人是隸屬於某間企業的研發部門之下，在組織中探索新點子。例如我過去合作的製藥公司，其研究室裡有一位學者，研發三十年後終於完成一項重大發明，而獲得眾人敬重。

但反過來說，也一定有人努力到退休，都不曾提出任何成果。

而我，也是靠點子的力量生活。我所有的收入來源幾乎都是源於此。正因為有出色的企劃，我才能贏得比稿，獲得新工作。而且，我沒有專案團隊，每次都是一個人獨立作業。

你或許會覺得，靠一個人單打獨鬥，要發現點子很困難。然而，**點子終究是個人的成果**。

有時，我們會聽到「優秀團隊打造出卓越創意」的故事。情節聽起來很動人，不過我總覺得是虛構成分居多。當然，我並不否認團隊成員之間相互腦力激盪，能帶來相輔相成的效果。但是，關鍵點子終究還是出自團隊中的某人之手。

點子，一定得從個人的思考開始。要是團隊中每個成員都認為「反正一定會有其他人提案」，組織團隊就失去意義了。

所以，從你自己先開始吧！

像我這樣沒有後臺和人脈的獨立接案人，之所以能贏得一次又一次的比稿，純粹是靠點子的力量。

我的戰場是影片製作。一部片子的製作費，基本上是數百萬日圓起跳，有時我甚至還會在一年中，接到幾個數千萬日圓的工作。也就是說，只要一個好點子，就能帶來數千萬的收益！

我沒有其他正職工作，就是這樣靠著想出新企劃維生。因此，我認為藉由分享我多年實際經驗學到的訣竅，必能對你有所助益。

04
我的比稿最佳成績：九戰八勝

創意這件事，其實很殘酷。
名片、經歷與藉口都派不上用場。點子之前，眾生平等。
只要能發現優秀的點子，無論對手規模多大，你都有機會獲勝。

點子和過往經歷、頭銜與成績都沒有關係。
無論過往聲譽多麼響亮，或經歷多麼驚人，所有世俗的標準，在傑出的想法面前都相形失色。

只要一個好點子，就能凌駕一切。換句話說，**在點子面前，眾生平等**。

在商業的世界裡，尤其是任職於中小企業的員工，應該都遇過客戶方重視你的公司名稱、經歷、頭銜與過往業績，更勝於業務內容的情況。

但是，以創意一決勝負的情況可不一樣。比稿時，評審經常是在不知道公司名稱的情況下討論、評判，所以你提出的企劃品質，比任何事都重要。

我一直深受「點子面前，眾生平等」所吸引。

像我這樣的獨立接案人，沒有後臺，也沒有人脈。既不是大公司的成員，又缺乏響亮的頭銜，卻還是能參加比稿，與各大廣告公司一決勝負。難道還有比這更有趣的事嗎？

受人嫉妒，更加痛快

每年，日本防衛省（按：日本政府部門之一，相當於臺灣的國防部）都會推出自衛隊宣傳影片。

這項專案是自衛隊最重要的宣傳工作，每年由陸、海、空自衛隊輪流負責，目的是向日本國民宣傳自衛隊的工作內容。製作費用從一開始就決定好，比稿是單純比較企劃內容。

由於自衛隊極為重視這項專案，每年都約有二十家公司報名參加比稿，包括日本最大的廣告公司，與民間首屈一指的製作公司等。換句話說，這場比稿是影像業界的比武大會。

這場頂尖的比武大會，我參加的歷屆成績是九戰八勝，只輸過一次而已，換算成勝率是八九%。以每次都有二十家公司前來參加的比稿來說，這種成績簡直是不可思議。

像我這樣自立門戶的接案人，居然能搶走如此龐大的案子，那些大企業自然難以忍受。因此，關於我的謠言四起，例如：「杉森他爸爸其實是防衛省的幹部」、「他事前就拿到對比稿有利的情報了」等。

想當然，沒有這回事。我沒有任何家人或親戚任職於防衛省，參加比稿的條件和大家一模一樣。自衛隊對所有參加者一視同仁，平等對待。

聽說，曾有製作人因為屢戰屢敗很不甘心，認為怎麼可能有人每次都贏，還強迫公關部門公開企劃書給他看。

甚至也有人當面挖苦我：「如果案子全部都被你的影像製作中心搶走的話，可真是麻煩呀……。」

發現點子的過程很辛苦，然而，獲得肯定的喜悅卻也無可替代。

尤其是贏過大企業時的喜悅，更是至高無上。當我贏了比稿，就代表其他人的心血與金錢付諸流水。我知道這樣想很沒禮貌，但心裡實在很痛快。

曾經有人對我說：「杉森，你晚上回家最好小心一點，那些廣告公司會派人蓋你布袋。」

這當然是玩笑話，卻也代表對方確實恨我入骨。畢竟廣告公司獨占十年的大案子，竟然被我一個人搶走。

我希望大家也能嘗嘗這種痛快的感覺。至於如何讓這個夢想成真，便是利用我在本書首次公開的「四大絕招」。

這是我總能提出一舉獲勝企劃案的祕訣。想發現會贏的點子，就得靠這些絕招。

05 武器怎麼用？你得找正在戰場上的人學

如果說點子是武器，那麼，你該找誰學習使用這套武器的方法？找理論大師？找退役軍人？

不，你該聽聽還在戰場上衝鋒陷陣的士兵，他們的親身經驗。

至今，市面上出版過許多關於構思點子的書籍。每次逛書店，你應該都能看到創意發想的專區，架上陳列了大量相關書籍。

我相信，這本書並不是你第一本翻開的、關於構思點子的書籍，甚至你也曾買過此類書籍。

但是，那些書籍真的對你有幫助嗎？

在這裡向大家坦承這件事，可能會遭到取笑，不過我幾乎沒讀過商業書籍，書架上也沒有任何一本。硬要說的話，只有蘋果公司創辦人史帝夫・賈伯斯（Steve Jobs）的書，可能勉強算是商業書籍。

不過，我當初是想看看這位稀世天才的創意發想法，而不是當作商業書籍來閱讀。

反敗為勝的方法，才最實用

我不讀商業書籍，並非因為懶惰，而是我堅持實踐主義與自學主義。正確來說，是因為我很愛唱反調，不會輕易信任他人的命令。

我為了撰寫這本書，才第一次翻開其他關於點子發想法的書籍。

但是，我讀了之後覺得非常不對勁。像是「平常就要鍛鍊」、「從六個法則出發」、「點子的構思模式」等說法，在我看來都太天真了！只能當作訓練大腦、鍛鍊腦力的書籍來看。

相信以上所述的書籍內容，也不符合你的需求。現在，你需要的是能立刻派上用場，在第一線給予實際幫助的書籍。

在我看來，這類書籍的作者大致上可分為三種：

一、大學教授、講師、顧問。

二、原本成績斐然，但現在已成為公司高層的人。

三、活躍於競賽第一線的人。

教授和講師雖然地位崇高，卻缺乏實戰經驗。換句話說，**道理很正確，卻沒辦法派上用場**。這類書籍內容，多半強調「每天訓練」，實在過於天真，充其量是畫餅充飢。對於馬上就需要點子的你而言，一點意義也沒有。

至於曾經成績斐然、擁有許多實績的人，大多是憑藉記憶講述自己過往的經驗，但並不清楚持續變化的現況。讀起來或許是有趣的回憶錄，卻沒辦法馬上運用。此外，若是作者過去曾有過於特殊的經驗，也無法讓其他人學習、活用。一旦離開第一線，再厲害的人也會逐漸變得遲鈍。

而有些書籍的作者，則是目前活躍於第一線的人。若是作者本人個性過於強烈，內容有所偏頗，一般人讀了也難以運用，只能得到「真羨慕有才能的人」這類的感想，根本不實用。

正因為讀了這些書籍，更是加強我寫下本書的決心。

我目前活躍於比稿第一線，撰寫本書的期間，仍舊負責好幾個企劃案，持續發現點子。所以，本書內容絕不是紙上談兵，更不是話當年勇，書裡介紹的方法也不是只有高手才做得到，而是任何人都能運用。

如同我在前言所說，**我原本也是企劃「常敗軍」，什麼提案都被打槍，**

曾經落得沒工作、沒收入的落魄處境。所以，我運用的方法絕不是只有高手才能學會，而是每個人都能馬上運用的有效方法。

我想把自己歷經三百戰彙整而來的手法，完全傳授給大家。只要按照本書的步驟依序執行，你一定能發現必勝的點子。

06 我的發想經驗，面試也能用

優秀的點子，能在所有場合發揮效力。

面試時，就靠它一口氣擊敗敵手，

讓面試官覺得：「不能錯過這個人才！」

其實，我好幾年前就想寫下這本書。

當時，我的女兒快要上小學。然而，我們家學區的小學風評不佳，所以我們臨時決定讓女兒考私立小學。在日本，考私立學校是件大事。

我們搜尋一番，終於找到適合女兒的學校。但是，那所學校競爭激烈，是否錄取端看學校、考生與家長的三方面談。

我們決定參加入學考時，已經剩沒多少時間了。於是，全家通力合作，組成「杉森隊」。

團隊的第一項工作，是徹底調查該所學校。無論是求職還是入學，面試的道理都一樣，必須事前詳細調查對方，接著擬出明確的應徵或報名理由，才能順利回答面試官的提問。

特別是私立小學入學面試，學校看的不僅是考生本人，也會在面試時判斷家長是否符合學校標準。因此，我上網搜尋，輸入各類關鍵字，蒐集關於該學校的所有資訊。

下一步，是針對面試的具體準備。換句話說，就是面試的預演，推測面試官可能會問哪些問題，並事前準備回答。

我冷靜的進行模擬面試，寫下所有面試官可能會提出的問題，接著針對這些提問，準備最合適的回答。

所謂**「最合適的答案」，指的不是標準答案，而是最受面試官好評的回答**。這裡的好評，是要**讓面試官對我們留下深刻的印象，而與其他家庭有所區別**。所以，**答案最好摻雜幽默與笑料**。

當然，這種時候最需要的，是能夠凸顯我們家與其他家庭不同的創意。

打安全牌很好，但面試官不會記得你

例如，面對負面的提問：「令郎／令嬡有什麼缺點呢？」

這個問題很難回答，卻常常在面試時出現。我首先想到的，是模稜兩可的回答：「我家孩子的缺點就是正義感太強。她不能容忍有人做壞事。要是看到了，絕對不會睜一隻眼閉一隻眼。」

這種說法表面看起來是缺點，卻也可以說是優點。在這個校園霸凌橫行的時代，強調正義感也能帶給學校好印象。

另一個經典提問是「請說明家長的教育方針」。通常，大家都會回答：「尊重子女的意願」、「想增加子女各方面的生活體驗」等。這些**標準答案千篇一律，只是打安全牌，無法帶給面試官驚喜**。

至於我，則是從完全相反的方向來打動面試官。

我開頭的第一句話是：「相撲是在相撲擂臺上比賽，您應該知道吧？」

這時，面試官應該已經睜大眼睛：「相撲擂臺？什麼相撲擂臺？」

接著，我繼續說明：「今天，走上擂臺的是子女，不是家長。家長能做的是觀察子女，選擇擴大或縮小擂臺。如果對子女是好事，自然會盡全力擴大擂臺，讓他們能有更多探索空間；但若是希望子女忍耐、不去做某件事，家長便會協助縮小擂臺。所以，我家的教育方針不是父母命令子女這件事該做、這件事不可以做，而是讓他們知道擂臺有多寬敞。」

相信所有面試官聽了之後，都會印象深刻。

相撲擂臺的大小是固定不變，但我解釋成可以自由轉換尺寸，給人耳目一新的感覺。但是，相撲擂臺同時也代表不得越界的規則，正適合作為兒童教育的象徵。

此外，想讓面試官留下強烈印象，認為「這位家長的想法真有意思」的意圖，當然也非常成功。

在這段準備面試的過程中，我發現：「面試跟比稿一樣，都是靠點子一較高下！」既然如此，我當然不可能輸給其他家庭，畢竟我可是身經三百戰的老手。經歷過這番面試考驗，我們在五天後收到女兒的合格通知。

這次經驗，促使我下定決心寫這本書。

因為女兒的合格通知，證明我透過實戰經驗學會的方法，不只能用在企劃比稿，還能廣泛運用到面試等各個層面。

第二章

點子不須原創，只要發現

07
什麼都沒準備，靈感當然不會展現

點子不是靈光一閃的產物，跟天生才能也無關。
想發現它，需要的是腳踏實地的準備。
這件事每個人都做得到，關鍵只在肯不肯去做。

提到創意、發想等，大家總會異口同聲的找藉口：「我沒有靈感」、「我沒有才能」等。
接下來，就讓我們來思考這兩種「沒有」。

沒認真準備，別怪罪沒靈感

首先，分析那些說自己「沒有靈感」的人。

為什麼他們不會靈光一閃呢？這是因為他們打從一開始，就誤會了「靈感」一詞。靈感不會從天上掉下來，更不是什麼神明賞賜的奇蹟。**沒有靈感，是因為沒有準備**。

以運動競賽為例，無論是多厲害的天才，事前不認真練習、準備，比賽當天也無法發揮出真正的實力。

而像是將棋、圍棋的棋士與電競選手等，每個人都是殫精竭力的準備到比賽當天。必須事前徹底分析對手的招數與習慣，以制定對策。正因為準備得滴水不漏，才能下出連當事人都大吃一驚的一步。

點子也是如此。**只有準備完全的人，才會靈光一閃**。所以，不曾費心準備的人就別再抱怨沒有靈感，責怪自己或老天爺了。

沒有才能所以想不到？完全是誤會

接下來，要分析那些說自己「沒有才能」的人。

如果我問英文的「才能」要怎麼說，應該有很多人會回答：「Talent」。

但是，「Talent」代表的是付出努力才能獲得的能力。真正與生俱來的才能，是「Gift」。

如同大家在英文課所學，Gift是Give（給予）的名詞，也帶有「禮物」的含義。所以讓我們想想，這個禮物是誰給的呢？

當然，是老天爺賞賜的。

我不知道神明是否存在，但我認為才能是老天爺的賞賜，而不是自己努力培養而成的結果。

我之所以能持續發現贏過大企業的點子，絕對不是因為我很有才能，而是學會如何引出自己與生俱備的才能（Gift）。**抱著必勝的強烈決心和面面**

俱到的準備，優秀點子就會像禮物一樣抵達你身邊。

點子和才能一點關係也沒有。你需要的是學會發現它的方法。

讀完本書、學會我所說的方法，你也會進入容易收到禮物的狀態。這絕對不是說會有神明附身，而是打造潛在能力，並發揮到最大極限的狀態。

沒有靈感、沒有才能這兩種「沒有」都是誤會，靠著學會本書所介紹的方法，你就能克服。

08

點子本來就在，只是怎麼從腦中挖出來

好點子，就像埋在沙漠裡的一顆鑽石，
沒有人會貿然走進沙漠，便開始挖起來。
你需要的第一項工具，是鎖定挖掘地點的偵測器。

點子不是「想出來」，也不是「打造」而來，更不是「創造」的結果，當然也不可能從天而降，而是「發現」得來的。

許多關於點子發想的書籍，其中的建議都是構思、打造、創造。然而，我認為點子是靠發現而來。

提到點子，我腦中一定會浮現一本小說——夏目漱石的《夢十夜》。這部短篇小說集名聲響亮，描寫十個不可思議的夢，橫跨日本不同的歷史年代，有多篇是以「我做了這樣的夢」破題。其中，第六夜出現鎌倉時代（按：一一八五至一三三三年，日本歷史中以鎌倉為全國政治中心的武家政權時代）的佛像雕刻名師運慶。

夢中，夏目漱石聽說運慶在護國寺（按：位於東京的佛教寺院）的大門雕刻佛像，他便前往護國寺參觀。

正當他為運慶高超的雕刻技術而感動時，身邊的一名男子告訴他：「佛像的眉毛與鼻子，不是用鑿子打造出來，而是雕刻師運用鑿子與槌子的力量，把埋沒在木頭中的眉毛與鼻子挖掘出來。」

儘管是一場夢，內容卻十分有趣。作者在這篇文章中，明確區別「雕刻」與「挖掘」。其他段落都是使用雕刻一詞，只有這句話使用挖掘，強調

「雕刻的關鍵不是雕，而是挖掘」。

發現點子也是一樣。**不是滿懷創意，從零開始構思；而是去除腦中多餘的事物，挖掘出埋藏於心中的最佳想法。**

所以，我把這種狀態稱為「發現」。

構思點子的唯一辦法，便是削除多餘的事物，進而發現。

發現點子的關鍵，在於提高發現機率

究竟該做哪些準備，才能發現點子呢？

假設點子是一顆一克拉（直徑約六．五公釐）的鑽石，埋在面積高達九百四十萬平方公里的撒哈拉沙漠（Sahara）之中。面對如此廣大的沙漠，我想任誰都無法打起幹勁去尋找它。

但是，如果把沙漠縮小成桌子的大小呢？如果只是一桌子的沙，找到鑽石的機率提高，應該比較能打起精神尋找吧！

所以，發現點子的關鍵在於「**提高發現點子的機率**」。因此最重要的工作，是把無邊無際的沙漠縮小到桌子的範圍。這也是本書的重點。

首先，要建立容易發現點子的環境。站在沙漠裡尋找，只會一片茫然。你必須精準鎖定目標，才能得到成果。

想到這裡，是否覺得肩頭的負擔輕了一點呢？畢竟，你已經了解，發現點子並不需要天才的靈光一閃，和老天爺賞賜的才能。

09
你只需要「哥倫布的蛋」

需要「前所未見的原創點子」的情況，其實很少。
因此，你不需要擅自提高發想門檻，
大部分厲害的點子，都是「哥倫布的蛋」。

發想時，大家常會把這個詞掛在嘴上：「原創」。
原創究竟是什麼意思呢？搜尋原創的定義，會看到獨創、創意與不同凡響的獨特性等解釋。

聽到獨創與獨特性這些字眼，你是否會想：「門檻太高了，我根本做不到啊！」

不過，看到某些人的點子時，你一定曾經這麼想過：「原來是這麼一回事」、「這麼一說，的確是這樣沒錯」、「原來如此。不過，這種程度我也能想到。」

換句話說，所謂的**原創，不是誰都沒見過的獨創想法，而是提出其他人忽略的點子**。只要結合既有的事物，就能發現精采的點子。

在藝術界，的確常常追求顛覆前人、打從根本革新的概念。但是，企劃、面試和業務等一般人需要點子的情況，並不需要做到畢卡索或是吉米．亨德里克斯（按：Jimi Hendrix，著名美國吉他手，被譽為「搖滾樂史上最偉大的樂手」）的程度。其實，這種等級的大師要是參加比稿，反而會引起業主反感，根本不會獲得採用。

仔細想想，原創的想法幾乎都是「哥倫布的蛋」。

（按：哥倫布發現美洲新大陸後回到西班牙，某次參加宴會時，遇到有人諷刺他：「只不過是坐船一直往西，誰都能有這個發現！」哥倫布便拿起桌上的水煮蛋，問大家：「誰能用雞蛋尖的那一端把它立起來？」許多人試過都說不可能，於是哥倫布接過雞蛋，尖端往桌上輕輕一敲，殼稍微碎裂的蛋就穩穩立在桌上。哥倫布接著說：「世界上一切發明，即使再怎麼簡單，在沒有人做之前，大家都認為做不到；但有人做了之後，大家卻會認為誰都可以做！」因此，「哥倫布的蛋」常用來表示第一個想到某事、動手去做最為困難；也有解釋為找到逆轉情勢的想法，或找出別人沒有發現的突破點。）

好點子，往往是你分心而錯過的那些想法

大多數的點子，其實都是「原來只是這麼一回事」，多半是你自己認真思考也會發現的想法，是那些你稍微疏忽、分心而錯失的事物。因此，我總

是說**發現點子是「發現哥倫布的蛋」**。

要是認為非得前所未見、史無前例、無人知曉，一定很難想到吧！想發現這種點子，需要的是奇蹟。但如果說是哥倫布的蛋，便覺得伸手可及。**點子隨時都在你身邊**，而不是位於廣闊的沙漠、遙遠的星空或是神明手中。我們該做的，便是去除多餘事物、提升發現的機率，最後發現它而已。

大家普遍以為，創意是日常生活難得出現的神蹟，其實是誤解。在日常生活與商業活動中，最厲害的點子其實就在你身邊！

10 讓我持續獲勝的四大絕招

隨興亂逛，不可能遇上寶物；
光是胡思亂想，不可能發現點子。
你必須遵循正確的步驟才能取勝。

誰都學得會所向無敵點子發現法，畢竟這不是什麼特殊的蓋世武功。雖然不是學武奇才方能學會的武林祕訣，卻也不是輕輕鬆鬆就能學會的速成法。本書傳授的並非輕鬆獲得點子的方法。

能夠一擊必勝，且遙遙領先對手的提案，怎麼可能輕易到手呢？想發現所向無敵的想法，就得有耐性。你想擁有的，應該不是「輕鬆得到點子」的方法，而是「發現一定能贏的點子」之法，不是嗎？

持續獲勝的四大絕招

究竟該怎麼做，才能得到必勝的點子呢？

如同前文所述，第一步是「提升發現點子的機率」。這個做法雖然不輕鬆，效率卻是最好。只要依序執行以下四大步驟，便能順利獲得能勝出的點子。我把這四大步驟稱為「四大絕招」。

可惜的是，**這四大絕招是複合招式，必須全部依序執行**。不像格鬥技，能只靠一招就打敗敵手。四大絕招分別是：

一、化身為你想要提案的對方。
二、先想出對手也會想到的點子。
三、開始思考前，先找一面空白牆。
四、捨棄九九％，創造最強一％。

乍看之下貌似毫無關係的四大絕招，是我長期以來透過實戰經驗而學會的手法，這正是獲得必勝點子的有效步驟。

直到現在，我寫企劃和跑業務時也會使用四大絕招，並持續獲勝。其實，我根本不希望同行知道這些祕密，只能祈禱競爭對手不會看到這本書。

從第三章開始，我將依序詳細說明四大絕招的內容及方法。絕對不能心想「好麻煩！」、「我想要輕鬆的招數」。只要學會了這四招，以後便能隨心所欲的反覆運用，請努力撐過這段學習的時期吧！

想要獲得卓越的成果，就必須準備得滴水不漏。

我每次比稿都能自信滿滿，正是因為靠這幾招，做足充分準備，發現所向無敵的點子，並且相信「我耗費的時間與心血超過所有競爭對手，因此我才會寫出最棒的必勝企劃！」最終獲得勝利。

希望你也能藉由實踐這四大絕招，發現致勝的點子。

第三章

化身為你想要提案的對方

11 靈感，來自精確的鎖定受眾

你或許會抱怨：「我不知道該從何著手。」
其實很簡單，先從找到對象開始，
找到聽你說明的「那個他」。

「究竟該怎麼做，才能想到有趣的點子呢？」我想，你應該思考了很久，卻又不知道該從哪裡開始。

我可以保證，你該做的第一件事是「化身為對方」。

點子一定有接收的對象，不可能只是藏在你心裡。即使一開始，你會認為你的受眾是「所有人」、「一般人」，但只要持續思考，一定能縮小受眾範圍。

沒有任何條件限制，就無法構思

正確來說，**一定得縮小受眾。如果受眾模糊不清，絕對不可能發現卓越的點子。**

點子如果用於商品，受眾是消費者；點子如果用於企劃，受眾是接受提案的對象；點子如果用於面試，受眾是面試官；點子如果用於業務，受眾就是你拜訪的客戶。徹底化身為接收的對象，是發現的第一步。

化身為對方，意思是徹底成為對方、站在對方的角度思考。

關於點子、靈感的書籍，經常提到「自由發揮」。但我認為，這種說法是騙人的。**沒有任何條件限制，就無法構思。**

所謂「需要為發明之母」。**點子必定要先鎖定需求對象，才能得到靈光一閃的創意。**

許多人會以為「需要為發明之母」是發明家湯瑪斯．愛迪生（Thomas Edison）的格言，其實這句話的由來可能更早。但無論是誰說的，這句話都一針見血。

要是沒有需求，就連發明家愛迪生也不會閃現靈感。人要遇上火災，才會爆發出連自己也想像不到的力氣；而厲害的點子，也是受到需求所逼才會浮現。

其實，**思考範圍越是自由，點子越是冒不出來**。不先鎖定一個小範圍，就像被丟進沙漠中，根本不知道該何去何從，只能茫然自失。

人看不到方向便無法行動，在毫無限制的自由面前，只會不知所措。

我把「化身為對方」定為四大絕招的第一步，正是因為開始思考前，你必須先了解如何鎖定正確的範圍。

提出一份驚天動地的企劃，或在面試時說出有趣的話引起面試官注意，都不是容易的事。越是想這麼做，越容易一身大汗、內心焦急：「我想破頭也想不出好方法！」

我們該如何尋求點子的線索呢？第一步便是化身為對方。徹底了解對方後，「對方究竟想要什麼？」的答案自然浮現在腦海。接著，你就能根據對象，鎖定哪些方式可能符合對方的需求。

於是，發現構思的方向，更容易產生靈感。

化身為對方，能讓你確保構思的重心一直在對方身上。**思考過程中，得時時留意對方的需求，才不會讓最終想出來的點子，淪為你的自以為是。**

12
怎麼讓對方說出「我想要的就是這個！」

發現點子的第一步，不是馬上開始思考，而是從想像對方開始。
並且，得是地毯式搜索般的徹底了解。
貼近到把對方的疼痛當作自己的疼痛，
到達這種程度後，才能開始構思。

日本著名的歷史小說家司馬遼太郎，其筆下的歷史人物栩栩如生，作品相當受日本民眾歡迎。他晚年出版的散文集《給生於二十一世紀的年輕人》，寫給新世代的年輕人，文章優美，充滿慈愛之心，我無論讀幾次都深受感動。他在文章中以具體場景，說明生活在二十一世紀的關鍵：

司馬遼太郎向讀者提問：「看到朋友跌倒時，你會怎麼做呢？」他認為，不需要特意把朋友扶起來，也不用詢問對方是否沒事，而是在心中默默感受對方的心情：「跌倒一定很痛吧！」

這是一種體貼溫柔的表現。

我每次進入準備點子的階段前，都會想起這段美麗的文章。站在對方的立場、對對方的心情產生共鳴，不論之於點子或人生，都是最重要的心態。

和對方融為一體，點子才能抓住他的心

我認為，準備的第一步，應該從「站在對方的立場」開始。

因為**站在對方的立場、與對方融為一體，是所有溝通的基礎，不先做到**

這一步，不可能想到能吸引對方的點子。

然而，站在對方的立場這種說法過於老套，無法在腦海中留下深刻印象，又像是乖孩子才會遵守的規矩。因此，我才改成「化身為對方」。

假設你最近要發表企劃案或研究成果，先化身為客戶方的專案負責人，或聆聽發表的觀眾，再來思考發表所需的點子吧！倘若即將參加入學或求職面試，就先化身為面試官，推敲可能會遇到的提問。如果是要開發新商品，那就先化身為消費者吧！

真正做到徹底化身為對方、和對方融為一體，自然就能把對方的需求當作自己的需求。

不同於其他臨時起意的想法，**透過化身為對方而發現的點子，才能真正抓住對方的心**。因為你已經對對方的期望與嗜好瞭若指掌。讓對方讚不絕口，主動表示「我想要的就是這個！」才是最厲害的點子。

或許會有人認為「沒什麼了不起，不過是這麼小的事」。但在我看來，這件事看似簡單，卻幾乎沒幾個人做得到。

大部分的人，都只做到「以為自己化身為對方」的地步，而不是真的「化身為對方」。即使下定決心，也常常會在不知不覺中，又回到自己的立場。

過度自信的人，往往一不小心便流露真實自我，忘記要以對方為重。以為自己的想法符合對方期望，卻根本沒發現點子早已脫離對方的需求。

另一方面，沒自信的人提出的，則都是像標準答案的無趣構想。

雖然結果大不相同，但理由都是因為沒能徹底站在對方的立場思考，無法捨棄自我，與人產生共鳴的心態不知不覺中消失殆盡。

13 到現場實際體驗，重現對方的生活

「我要提出只有我才想得到的點子！」

別自以為是了。

想要感動人心，就得完全放下自我，

全心全意化身為對方。

提到溝通，總是會出現「要站在對方的立場思考」這句話，想必大家都耳熟能詳。但是，站在對方的立場思考，不過是「想像」對方的情況，頂多

只是做到「不要以自我為中心思考」而已。

化身為對方可就不一樣了。兩者貌似相同，其實本質迥然不同。因為化身為對方，是必須達到與對方完全同化的地步才行。

說到化身為對方，我總會想到一位女性。這個故事發生於第二次世界大戰期間。

這位女性聽說，自己兒子在打仗時失去了左臂。她便從聽到消息的隔天開始，把自己的左臂用繩子固定起來，藉此與兒子同化，親自體驗沒有左臂是怎麼一回事，生活又會變得多麼不方便？

她就是漫畫家水木茂（按：知名漫畫《鬼太郎》的作者）的母親。母愛促使她化身為兒子。

這就是「想像」與「化身」的差別。

任誰都能在腦海中描繪「沒有左手一定很辛苦」的情況。想像不用花力氣，輕輕鬆鬆便能做到。但是，想像很快就會從腦海中消失。**實際體驗，嘗**

試重現對方的生活——這才是化身為對方。

此外，我剛才提到了「母愛」，愛就是能不能化身為對方的重點。說出來大家或許會笑我，不過我認為，**點子的好壞確實受到「愛的程度」左右。**

這裡所說的「愛」，包括「**對勝利的愛**」，以及「**對對方的愛**」。

主角是對方，不是你

對勝利的愛，意指希望獲得採用、渴望對方的肯定，以及贏過所有人的執著。**要是缺乏「無論如何我都要贏！」的強烈欲望，絕對想不出超越他人的點子。**

而對對方的愛，則代表你有多重視聆聽簡報的對象、部門、負責窗口與任職的公司等人。你有多愛這些企業跟相關人士呢？要是你對他們缺乏感情，恐怕很難贏過那些情感深厚的競爭對手。

換句話說，以點子一較高下時，負責評價的對象看的，就是你這兩份愛的程度。至於如何測量愛的程度，看的正是是否化身為對方。

以前的人常說：「喜歡一件事，才會積極學習、越來越拿手。」若換成現代的說法，就是「技巧會隨著喜好程度提升」。而我會說：「**越喜歡對方，越能提出打動對方的點子**」。

你在旅行投宿之際，是否體驗過令人感動的服務呢？要是對方服務得無微不至，處處設想周到，你想必會覺得「這間旅館的員工真懂客人的心啊！」有人細心替自己服務，任誰應該都會感到開心。

化身為對方就是這個道理。關鍵在於**主角是對方，不是你**。

以這個心態想出的點子，一定是下過工夫的成果，客戶聽了想必會很高興，甚至可能因為你用心體貼與深入了解而感動。

更何況，你的競爭對手一定也做了「站在對方立場思考」這種程度的想像，所以光是這麼做，不可能戰勝對手。想贏過對手，不妨先從化身為客戶開始試試看。

這麼做乍看之下好像很浪費時間，不過我勸大家一定要花時間試試看。想與對手爭出高下，就從這件事開始。

14 主詞用「我」還是「你」，決定勝負

構思點子時，主詞用的是「我」，還是「你」呢？這個問題討論的不是說話方式，而是你抱持何種思想。

我認為，溝通分為兩種，分別是「說服型」與「接納型」。說服與接納，兩者常常連在一起使用。然而，站在溝通的觀點，這兩者其實有著天壤之別。其中的分別究竟是什麼？正是「主詞」不同。

怎麼說不重要，關鍵在於角度

說服的主詞是「我」（或「我們」），是我要讓對方接受我的想法。接納卻正巧相反，主詞是「對方」，是對方接受、採納。換句話說，主詞是「你」。

只要打的是說服對方的主意，主詞就是自己。無論如何包裝，都容易淪為強迫推銷的自我滿足。而對於聆聽的人而言，這些說服的言詞根本事不關己，無法引發絲毫共鳴。

但是，如果是想著要怎麼做才能讓對方接納，情況就會發生一百八十度大轉變。這時候，主角是對方，說明的一方自然會站在對方的立場思考，並想辦法引起對方共鳴，喚起對方的興趣。

接納型與說服型的溝通方式，同樣也能套用在構思點子上。

人總是習慣以自己為出發點。個人的好惡和擅長與否，當然是重要的元素；但是，想獲得能贏過別人的點子，就得放下這一切，以對方為主。

當你以自己為中心，思考如何讓對方接受時，點子就會在不知不覺變質，轉變為說服對方的硬性推銷。

例如：「敝公司可以解決你的問題。」這句話聽起來非常高高在上，態度又強硬；若改成「敝公司能協助你解決煩惱」，便是把說服型溝通改成接納型。

所以，關鍵並不是怎麼說，而是決定立場與角度。

若總是以「我」和「敝公司」的角度描述，代表根本沒站在對方的立場思考，更不用說化身為對方。這樣一來，更難發現對方聽了真的會由衷高興的點子。

構思點子時，絕對不能有一絲一毫目中無人的態度。

勝負的關鍵，不在你手上

牙買加（Jamaica，加勒比海地區的島國）創作型歌手巴布·馬利（Bob Marley），把牙買加雷鬼樂（Reggae）帶入歐美流行音樂與搖滾樂，為全球音樂界帶來創新改革。

雷鬼樂深受牙買加當地一種特別的宗教運動影響，名為「拉斯塔法里運動」（Rastafari movement），或者也稱「拉斯塔法里教」（Rastafarianism）。

很有意思的是，該宗教中沒有「你」（You）這個詞。一切都是「我」（I），也就是自己。換句話說，就是不區別「我」和「你」。

巴布·馬利的經典歌曲〈Positive Vibration〉，其中反覆唱著「I and I Vibration」。歌詞意指自己與對方之間沒有隔閡，也就是與對方融為一體。這正是化身為對方。

如果做得到化身為對方，自然會發現能讓對方接納的點子，而不是說服

對方接受。

總是只想說明自己的點子、想展現自己的人，要做的第一步便是改變觀點。勝利的祕訣，在於徹底化身為對方，促使對方接納，而非拚了命說服。

這件事很重要，所以我要再三強調：**勝負的關鍵掌握在你面對的那個人手上，而不是你。**

15 不光是站在對方立場想，而是化身為對方

光是坐著等，點子不會從天上掉下來。

你得蒐集資訊、走訪現場，實際感受對方！

化身為對方的三步驟，是決定勝敗的絕對條件。

四大絕招以第一步「化身為你要提案的對方」最為重要。以下介紹具體的實踐方法，依序為三個步驟。

蒐集資訊，負面新聞也要了解

首先，得從徹底了解對方開始。

倘若對象是企業，就要化身為員工；倘若對象是行政單位，就要化身為該單位的公務員；倘若對象是學校，就要化身為學生。

蒐集資訊，絕對是第一要務。我上網蒐集資訊時，總是以地毯式搜索的方式進行。而且，光是眼睛直盯著螢幕看，資訊進不了腦子裡，我一定會把網頁列印出來，一邊閱讀、一邊畫線標示重點。

倘若**對象是企業，我會鑽研網頁中兩大重點：「高層的話」與「人才招募」**。高層的話這一頁面，說明該公司未來的方向。而人才招募設定的瀏覽對象，是求職的學生，這些學生對該公司毫無概念，我們也是一樣。所以，這是認識一家公司最好的手段。

大部分企業網站都會把公司相關資訊整理得清清楚楚、簡明扼要，這正是蒐集資訊的寶庫。

另一項重要資料，則是公司的介紹手冊。有些企業可以從官方網站下載介紹手冊；而至於網路上不提供檔案的公司，我會假裝成顧客，請對方郵寄給我。

除此之外，如果能買得到對方製造的商品，我一定會買來試用。**從商品本身、包裝到說明書，都能感受到公司的主打客群、喜好與設計品味。**必須特別注意的是，當你在蒐集資訊時，連平常不易接觸到的地方也必須多加了解。以下就跟大家分享我的失敗經驗。

當時，我才自立門戶沒多久。在對某企業簡報時，提出針對某個部門的企劃案。然而，在場所有人聽到我的提案時，卻陷入一片尷尬的沉默。原來，那個部門在兩年前曾發生負面新聞，因而大幅縮減部門規模。由於我事前調查得不夠詳細，導致犯下這種重大錯誤。

若是不想跟我犯下相同的錯，請務必搜尋新聞網站，了解該企業過去是

否發生過嚴重的事故或醜聞。了解哪些事應該避開不談，是一種禮貌。

實際行動，觀察員工的形象

坐在辦公桌前蒐集資料，掌握的不過是模糊的輪廓。這種時候，我會走出辦公室，直接拜訪對方。

第一步是「去上班」。**我會選在早上的通勤時間出發，從離對方公司最近的車站走過去**。要是遇上相同方向的行人，我會與對方同行，並觀察、猜測對方是否為員工。當然，有時我會猜錯。但是，刺激想像力的過程中，公司形象隨之清晰起來。

近年來，企業安全管理日趨嚴格，許多辦公大樓在一樓大廳便必須出示身分。不過，這類辦公大樓的大廳，往往會有進駐企業一覽表。你可以在這裡確認要調查的公司，順便瞧瞧大樓裡還有哪些公司。從大樓中的其他公司，能推測調查對象的等級。

看完之後，在大廳沙發大方的坐下來。大樓裡有很多不同企業時，不容易判斷哪些人是調查對象的員工。而正是因為大樓辦公人員眾多，突然冒出一個陌生人也不會有人覺得奇怪，很適合悠哉的坐在這裡觀察。這種間諜遊戲有些緊張刺激，我自己非常享受其中。

而且，這類辦公大樓人來人往，待上二十分鐘也不會引起懷疑。我試驗這麼多次，只有一次遇到櫃檯人員來關心，問我是不是和誰有約。

我會觀察訪客與前來迎接的員工。不僅是看員工如何應對訪客，最重要的是穿著打扮。

首先是注意穿西裝、打領帶的比例，下一步是襯衫的款式。職員穿的襯衫是樸實無華還是華麗誇張？尤其，女性職員的穿著打扮更是觀察要點之一。**穿著風格越自由，代表公司成員越多元**。把這一切當作模擬訓練，好好享受調查的樂趣吧！

幸運的話，你可以走到對方的接待櫃檯附近。**只要觀察五分鐘，就能實際體會該企業的風氣、品味與氣氛，這些光憑網站上資訊無法掌握的情報。**

此外，有些企業旗下擁有觀光工廠或博物館，你更該前往參觀。絕對不要錯過這種接觸企業的機會。

實際造訪而感受到的一切，在你構思點子時一定會派上用場。

聚焦、轉換角度，化身為對方

透過前兩個步驟取得資訊與經驗後，最後一步是「聚焦」。換句話說，是把心思放在對方身上，釐清對方形象。

我的做法是：把房間的燈關上，躺在床上、全身放鬆，回想蒐集到的所有資料，不只是接近、想像對方而已，而是要化身為他。

剛開始可能會覺得很困難，不過一定要耐住性子，試著與對方融為一體。如此一來，實際體驗時的感受便會浮上心頭。我總是在這種時候擺脫自我的束縛。這種隨心所欲的感覺，在這個階段最為重要。

我想跟大家介紹一個關於聚焦的成功案例。

你或許讀過全球暢銷書籍《人類大歷史》（*Sapiens: A Brief History of Humankind*），作者是以色列籍的歷史學家哈拉瑞（Yuval Noah Harari），書中的觀點前所未見，令人讚賞。

過往的歷史課本告訴我們，人類在學會種植稻米與小麥後，進入穩定的農耕生活，不再需要忍受居無定所的狩獵生活。哈拉瑞卻提出不同的看法：「人類或許如此認為。但是，站在小麥的立場來看又是如何呢？」

他認為，人類其實是受到小麥利用，為小麥繁衍子孫。人類不過是一直為了小麥而工作。這種嶄新的觀點，為現代人帶來強烈的衝擊。

反客為主的驚人看法正是源於化身為對方。化身為小麥來思考，不是一件簡單的事。但是，正因為哈拉瑞做到了，才能發現嶄新的世界。

哈拉瑞每天都會冥想兩小時，我認為，他在長期的冥想中，學會如何屏除雜念，得以化身為任何事物（因此我偷偷叫他「化身者哈拉瑞」）。

你也可以試試看，學習哈拉瑞徹底化身為對方的方法。**學會轉換觀點，能大幅提升獲得曠世點子的可能性**。

我在思考點子之前，會先花時間進行這三個步驟，讓自己化身為對方。由於我深入了解對方，案件負責人屢屢在採用我的點子之後，發現我比他們的員工還熟悉公司情況，大吃一驚。這正是我發現所向無敵點子的祕訣。

第一招

化身為你要提案的對方

用意

化身為你要提案的對象，與對方完全融為一體。
了解「主角不是自己，而是他」。

效果

需要為發明之母。
化身為對方，才能獲得構思點子所需的最佳線索。
這時最重要的是，還不要開始想點子！

方法

化身為對方三步驟：

1. **蒐集資訊**
   徹底調查，掌握對方的一切。
2. **實際行動**
   在通勤時間到對方的辦公大樓觀察員工。
3. **聚焦、轉換角度**
   根據前兩步驟蒐集到的資訊，集中精神，
   徹底化身為對方。

第四章

放輕鬆，先想一些對手也會想到的

16

別人也會想到的點子，稱不上點子

平凡無奇就是你的敵人。
想要擺脫它，就必須了解何謂平凡無奇。
徹底鑽研敵人的真面目，勝負關鍵就在這裡。

前一章提到「點子一定有對象」，接下來本章要補充一點：點子一定有「敵人」。但是，敵人究竟是誰？

朋友曾問過我「簡報時打敗其他公司的祕訣」，我總是這樣回答：「簡報不是為了獲勝，而是要刷掉競爭對手。」

或許有人會認為我這種說法很粗俗、低級。但我所謂的刷掉競爭對手，並不是耍手段害對方無法簡報，或四處散播對方的謠言。**刷掉競爭對手，是打造敵人會失敗的情況**。

想點子也是一樣。我在前面曾提過「不會贏的點子稱不上點子」。這句話的另一個意思是，參與比稿的人不只你一個，一定還有競爭對手（也就是敵人）。

《孫子兵法》作者孫武，是第一個研究過去的戰爭，並把打仗方式彙整成體系的人。書中提到「知己知彼，百戰百勝」，意思是正確了解自己與評估敵人，這樣一來，就算打一百次仗也不會輸。

這句話說明了獲勝的關鍵在於「了解」，這也是《孫子兵法》全書的中心思想。

所有人都想得到的平凡點子，就是你的敵人

但是在點子的世界，其實無法掌握誰是敵人。如果是同一家公司的不同部門，或許還有機會知道誰是競爭對手。倘若是比稿，基本上無法事先得知其他參賽者的身分。若是面試則更不可能了，對手人數太多，你根本無法事前調查。

不過，你不用擔心。我提倡的「認識敵人」，既不是去調查或研究敵手，更不是去竊取對方的成果。所謂認識敵人，指的是**推測競爭對手可能會提出哪些點子**。換句話說，不是鎖定具體的敵人，而是推測哪些東西所有人都想得到。

一般思考時，你很難一口氣就找到令人驚豔的新奇想法。所以，**先找到六十分的點子再加以變化，效率更高**。

如同第二章所言，幾乎所有好點子都是「哥倫布的蛋」。先從六十分著

手，它就能成為發現好點子的線索。

認識敵人至關重要。如果夠了解敵人，打多少場仗都不會輸。

17 先找出不會被採用的平凡想法

在黑暗中摸索，不可能打出勝仗。
想贏，必須先制定明確標準——平凡的點子正是標準。
決定好標準，要進一步發展或破壞，都能隨心所欲。

凡事都有基礎，都有標準。例如空手道有「型」（按：將空手道技術合理組織、配套練習的一連串動作組合，熟練後才開始練習基本組合術〔稱為「組手」〕），圍棋有「定石」（按：又稱定式，指圍棋中經過棋手們長久的經驗累積，而形成在某些情況下雙方都會依循的固定下法），藝術世界有「黃金比例」，劇本有「起承轉合」等。而日本傳統的表演藝術，也是透過大量練習，促使演員用身體徹底記住表演的模式，這也就是「型」。

無論是什麼領域，基礎都是最重要的。不先學好基礎，就不可能進行下一個階段。其實，點子的世界也是一樣。**不懂基礎，不可能突然發現獨創的點子**。

因此，第一步就是要了解基礎，也就是「認識敵人」。

我要再三強調，這不是要區別個別的敵人，而是事先用心整理出哪些可能是他人想得到的點子。

基本不過是基本，標準不過是標準。基本或標準的點子內容平凡無奇、落伍老套、隨處可見，一點意思也沒有，絕對不可能贏得比稿，更不可能被採用。但是，正因為**誰都想得到，所以它是「基本」與「標準」**。

獨特觀點，從基本的點子脫胎而來

為什麼確認基本與標準很重要？

因為這樣一來，自然就能明白勝敗的標準。以偏差值（按：日本升學時，衡量受驗學生分數排位的數值。排名正好位於五〇%位置的學生，偏差值定為五〇）為例，便是代表與中間值相同的五〇。

正因為明白自己的偏差值，也就是程度如何，才能訂立未來的目標。若在不了解標準的情況下作戰，勝利只會離你越來越遠。

認識敵人，才能發現思考的中心。接著，你就能從這個中心開始變化、破壞、革新。

確定標準後，方能比較你的創意與標準之間的差別，並思考如何改進。

獨特觀點與不同凡響的點子都不會憑空而降，而是透過與標準比較而來。

前一章也提過，縮小受眾範圍才能靈光一閃。確定標準後，才會知道從哪裡突破標準，進而提出自己的原創點子。

認識敵人，就是把廣大沙漠縮小到桌子大小，才能發現鑽石。因此，尋找點子的第一步，不是從原創性或獨創性出發，而是徹底思考何謂標準。

無論是何種比稿或創意募集，都有所謂的「基本點子」，也就是別人大概會說出的話、其他公司應該會提出的企劃等。想像其他人可能提出的點子，了解標準，就是認識敵人。

掌握標準是迎戰的第一步，也是制定作戰計畫的基礎。掌握標準之後，再來冷靜思考哪些點子合適、該如何改進才能凸顯自己，以及可能有哪些哥倫布的蛋。

就如同觀星時，我們會利用與北極星的相對位置來判斷看到的是哪一個星座；**先掌握中心，知道自己的定位，提出的企劃才能精準。**

好好花時間了解敵人吧！在確認標準前，便埋頭往前衝刺，不可能發現新點子。

18

調查同行，參考不同行業

勝負的標準，是點子的核心。
藉由尋找平凡想法的三步驟，發現強而有力的觀點，
打造出點子的強健軀幹！

接下來，我會說明如何具體執行第二招「找到對手也會想到的點子」，
我一共將它分為三個步驟。

第一步：尋找普通的點子

認識敵人的第一步，從尋找平凡想法開始。因此，不需要一開始就想出類拔萃。先放輕鬆，想一些平凡無奇的點子。

假設你要向初次見面的人推銷，這時，你需要的是推銷自家公司的有效點子。但是，在尋找強力的點子之前，先思考平凡的推銷方式會談些什麼。

常見的推銷話術，包括「品質優良」、「交期短」、「客製化」等。每家公司都講一樣的話，無法打敗其他對手。缺乏新意與亮點的溝通注定會失敗。但是，想要更進一步發展，就得從這些典型話術出發，思考不同於其他公司的說法。

此外，公司的網站、介紹手冊與影片，要是沒有半個好點子，不僅內容單調無趣，嚴重一點還可能損害公司形象。

例如，以現在常見的永續發展目標（Sustainable Development Goals，

簡稱ＳＤＧｓ）觀點開始思考。常見的平凡點子，大概會是地球的照片、小孩子吹巨大泡泡的照片，或掌心的種子發芽、冒出兩片嫩葉等。實在是無聊到極點。

我總是一邊笑、一邊思考這些無趣的點子：「哇！有夠俗氣！」、「真廉價！」、「提這種點子出來有夠丟臉！」

看到這些司空見慣的點子，我想你應該也忍不住竊笑吧！

「這樣怎麼可能贏呢？」沒錯，誰都想得到的基本點子，不可能贏過競爭對手。**光是明白贏不了的標準，你就已經超越敵手好幾步了。**

第二步：調查同行

你已經在「化身為對方」的階段中，蒐集關於提案對象的資訊。下一步，則是要調查對方的業界中，其他公司的相關資訊。

所有公司都有競爭對手，大家都會在意敵手的動向。**判斷點子的標準，往往也是透過與敵手比較。**

為了打敗對手，得仔細調查對方同行！

我在思考之前，必定會調查對方的競爭企業與競品。以戰術來說，不是直接發動攻擊，而是從消除外側障礙著手。我之所以這麼做，是為了避免提案與對方的競爭對手雷同。

現在網路科技發達，上網什麼都查得到。我的做法是先調查業界排行榜，再由第一名依序往下查。這個步驟，不僅是為了避免重複提案，也是為了找到發現點子的線索。

第三步：調查不同業界的商品與服務

以產品為例，車子與生理用品的性質迥然不同，完全不是彼此的競爭對手。然而，若從客群的角度來思考，假設兩種產品的客群都鎖定在二十至三十四歲的女性，針對同一族群的人，這些看似完全不相干的產品，其點子便值得拿來參考。

若再以服務為例，以「提供眼睛看不到的服務」來分類的話，網路、金融與保險可以算是同一類商品。因此，許多產品乍看之下毫無關係，其實也非常值得參考。

換句話說，**不同業界的點子，也必定有值得參考的地方**。參考其他產業的產品，特別容易發掘自己正在準備提案的業界之中，尚未用過的點子。以下分享我自己的經驗。

我曾參加一場醫療器材廠商的產品宣傳影片比稿。

宣傳的產品體積小，可以手提。介紹這類商品時，一定會拍攝實際使用的畫面。然而，小型商品拍攝困難，且拍攝時必須相當貼近，導致操作的手部拍起來相當詭異。

如果預算足夠的話，其實可以僱用昂貴的手模，但這個案子並沒有這麼高的預算，所以我決定全部使用電腦動畫製作。但是，在這個業界幾乎不曾利用電腦動畫呈現產品，且大多數人對此都有偏見：「電腦動畫冰冷僵硬，沒辦法完美呈現人類的手。」

究竟該怎麼做，才能消弭大家的成見呢？

為此，我準備了跟醫療器材毫無關係的冰淇淋與巧克力等產品的知名廣告影片。影片當中，無論是用湯匙舀起冰淇淋，或是巧克力在半空中融化的特寫，各種引人食指大動的畫面，全都是電腦動畫的成果。

同時，我也準備了其他國家以電腦動畫呈現人類手部的影片。這些影片成功化解專案主管的成見，我的點子也因此獲得青睞。

調查不同業界卻有相似處的點子，有助於你擺脫產品與業界的成見，帶來發現嶄新點子的強力線索。

認識敵人，就是鍛鍊核心

近年來，運動員與健身圈都著重鍛鍊軀幹，也就是鍛鍊背部、腹部、腰、臀、大腿等核心肌群，藉以提高人整體的穩定度。

認識敵人的目的，也是建立點子的核心。反過來說，無法確定核心才會慌亂不安。缺乏核心的點子就會像失焦的照片。賽跑也得有跑道，才能逐步朝向終點邁進。沒有跑道的比賽，所有人都會迷路。

這個階段，必須先按捺住性子，把注意力放在了解平凡想法之上，而不是忙著發現新點子。先徹底認識敵人，在後面的階段必然會派上用場。

19 四象限法，馬上想出四個文案

接下來，要介紹如何將平凡想法打造成殺手鐧。

本書刊載的只是其中一個範例，

只要在如何決定「核心」下工夫，便能發現無數個點子。

不知該從何尋找點子時，藉由平凡無奇的想法來確認標準，是最佳線索。平凡的基本點子當然一點意思也沒有。但是，我們要特意從無趣的點子出發。

大多數的點子都是哥倫布的蛋，利用轉移標準的手法，就能發現新點子。試試看以下的方法吧！

首先，把標準的點子放在正中心，想像點子周圍有東南西北四個方向。

以我參加啤酒公司的企業標語比稿為例，位於中心的基本點子是「〇〇製造啤酒的目標，是讓消費者高興」。〇〇是公司名稱。

打造好點子的四象限

接下來，朝四個方向移動構思（參考下頁圖）。

設定右邊代表「訴諸理性」，文案可以修改為「堅持好原料、好水，為你製造最美味的啤酒」；設定左邊代表「訴諸感性」，文案則可以是「冰涼的啤酒，滋潤你乾渴的喉嚨」；設定下方代表「訴諸保守」，文案可以改成「品質優良，值得信賴」；設定上方代表「訴諸改革」，文案可以調整為

「啤酒，為你帶來精采人生」。

最後完成的文案是：「這一切，都是為了你的一句『好好喝！』」

這不是我的作品，而是前博報堂創意總監小澤正光對朝日啤酒的提案，也實際獲得採用。

小澤正光是比稿屢戰屢勝的高手。我擔任朝日啤酒Super Dry廣告導演的四年期間，和他一同前往紐約，深受他的薰陶。

若以剛才列舉的象限圖為例，小澤的點子是左邊偏上方。

每家公司都會把「顧客優先」、

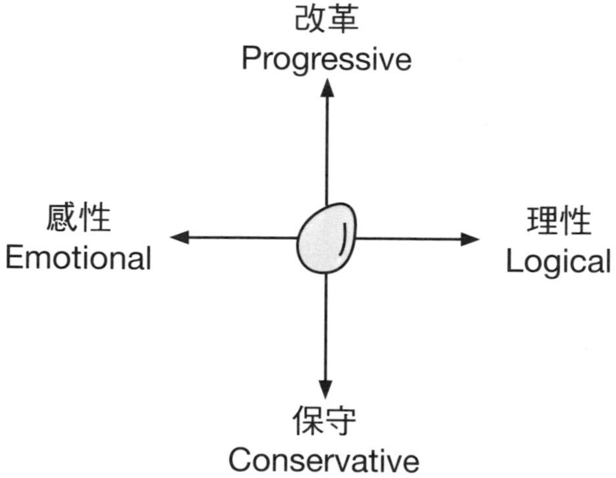

「顧客至上」掛在嘴邊。但是，把「讓消費者高興」化為訴諸五感的「好好喝！」以體驗取代觀念，讓消費者覺得更親切的做法非常了不起。「一切都是為了～」的說法，也呈現該企業所有員工團結合作的形象。真不愧是創意高手。

把基本點子朝四個方向移動變化，自然能擴大尋找的範圍，出現好幾個候補選項。建議你在發想時，也這樣試試看。

與其抱怨「我這個人就是沒什麼特色」、「我想不到獨創的點子」、「找不到呈現原創性的方法」，還不如把時間花在認識敵人。如此一來，你才能發現原創點子。

20 我的最強招數：「三種NG」

這世上確實存在靠企劃書第一頁，就能刷掉競爭對手的技巧。以下介紹非不得已的狀況，才能使用的殺手鐧。效果卓越，禁止濫用。

這是我用了好幾次的看家本領：把認識敵人時體會到的東西，直接呈現在企劃書裡。

企劃書最重要的，一定是第一頁。**一決勝負的瞬間，就在對方翻開企劃**

書封面的那一秒，以日本雙人相聲「漫才」為例，便是開頭馬上抓住觀眾注意力的「哏」。

什麼是三種NG？

我吸引對方的手法，是翻開封面就會看到這一句：「三種NG。」

第一頁就用這個大標題決一勝負。字體一定要大、要粗，內容就只有這一行。

「三種NG？什麼是三種NG？」一旦對方這麼想，你便成功吸引對方的注意力了。

假設主題是「新商品宣傳」，簡報時你可以口頭補充：「關於本次新商品宣傳，我認為有三件事情絕對不能做。」

進到下一頁時，則開始說明具體的NG內容。關鍵在於**列出三種競爭**

對手可能提案的基本點子，當作絕不能做的事，也就是列出你在認識敵人階段時，得出「一般人都想得到的點子」。

你可以這樣說明：「第一項絕對不能做的事是×××。這種做法和現況幾乎毫無分別，無法達到耳目一新的效果。

「第二項絕對不能做的事是○○○。○○○內容模糊不清，難以理解。想要宣傳就得更簡單易懂才行。

「第三項絕對不能做的事是△△△。這個方法乍看之下不錯，其實效果短暫。考量長期成效，稱不上是好的點子。」

像這樣，依序說明每個基本點子的缺點，粉碎競爭對手的企劃。

由於這三個NG事項提到競爭對手的提案，也能促使評審使用消去法：「剛剛聽了A公司的提案覺得不錯，原來行不通啊！」接下來，評審聽到其他公司的提案時，也會以先前聽到的這三個事項為標準做出評判，有效粉碎敵手。

當否定了所有競爭對手的點子後，你接著說明自己的提案時，評審便不會以其他公司為標準來看待你。

這招效果卓越超群，再微小的點子都能因此顯得新奇。

第二招

先想出對手也會想到的點子

用意

點子必定存在敵人，也就是競爭對手。
事先推測對手可能提出哪些平凡想法。

效果

先了解平凡的點子，才能發現其核心，
再以此核心為出發點轉移、變化。

方法

找出平凡想法三步驟：

1. **尋找普通的點子**
   先刻意提出普通的點子。
2. **調查提案對象同行**
   比較自己與提案對象同行的點子有何不同。
3. **調查不同業界商品與服務**
   不同領域，也值得拿來參考。

第五章

光想沒有用，你得找一面空白牆

21 這面白牆，就是你的另一個腦袋

終於到了發現點子的階段了。
第一步，要把腦中混亂的思緒全部從腦海拿出來，
也就是把思緒可視化。
在你房間的牆面上，建立另一個大腦吧！

你已經透過化身為對方，了解發表點子的對象；藉由認識敵人、思考平凡想法，發現點子的標準。現在，事前準備已經大功告成，終於到了「發

現」具體點子的階段了。

發現點子的第一步，是準備一道「白色牆面」。

這裡所說的不是抽象概念，而是真正的牆壁——你房間或書房裡真正的牆面。請找出你房間中，除了有門的那一面之外最寬敞的牆面。如果牆上已貼了海報或月曆，請把它們全部撕下來；要是牆邊放了掛衣架或植栽，也搬到旁邊一點。我希望，你能盡量保持牆面的寬廣及完整。

當然，牆面不是白的也無所謂，只是大多數房子的牆面是採用白色壁紙或油漆，所以我才會說「白色牆面」。重點在於牆面要夠大，且空無一物。

這時，你是否因為房間牆面比自己以為的更寬廣，而感到驚訝呢？

空無一物，代表無限可能性

佛教奠基者釋迦牟尼出現後，這兩千五百年以來，佛教出現許多流派。

不過，幾乎所有流派都會念誦一部經典，就是《般若波羅蜜多心經》。《般若波羅蜜多心經》全文其實不到三百字，卻蘊含了佛教的真理——「空」。如同文字所示，代表「空白、空無一物」的狀態。

看到這裡，你可能會覺得很無趣或空虛，其實正巧相反。**「空」包含了萬物，最為富饒充足；「空」代表能在下一秒化為任何事物，不受任何限制。**現在，出現在你面前的空白牆，正是「空」。**這面牆充滿了無限的可能性。**自己房間裡有一道象徵著無限可能的牆面，不覺得很美好嗎？

光是在腦中思考，點子不會成形。因為，你的想法最終必須具體呈現，讓舉辦比稿的業主看得懂。一句「大概是這種感覺」是不足以說服對方的。

要讓想法變得具體，可利用言語（文字）或圖像。所以，你必須先整理腦中的思緒。這時，就輪到空白牆出場了。這面實際存在的牆面，是發現點子的重要舞臺。為了能夠隨時運用，我自己也在辦公室準備了一面牆。

你一定曾在電視節目上，看過堆滿雜物的「垃圾屋」吧！我想，任誰都會覺得：「怎麼會有人把房子搞成這個樣子啊？」

但是，**你的大腦很可能也是垃圾屋。腦中思緒一團混亂，從未整理。嘗試回想什麼，卻總是一片空白。要在這種狀態想到好點子，簡直就像在垃圾屋裡尋找一把小鑰匙一樣。**

把亂七八糟的腦子好好整理一番，正是發現點子的關鍵。不先釐清腦中的思緒，不可能找到好想法。

我們看不見自己的腦袋，所以光憑想像整理是行不通的。第一步，就是把腦中所有思緒都寫下來。這道牆是你的另一個腦袋。

此時此刻，舞臺已經準備好了。若以知名拳擊賽主持人小吉米．藍儂（Jimmy Lennon, Jr.）的口頭禪來說，就是「好戲要登場了！」（It’s showtime!）

22 把你所有能想到的，全部寫上

把腦中所有想法全都寫下來，這個階段還不需要判斷點子好壞。

重點是「數量」，而非「品質」。

透過這三個步驟，把腦海中的一切可視化。

你房間的空白牆面，在你寫出所有點子後，就化身為充滿寶物的牆面。

天才佛像雕刻師運慶，也不是一口氣就能雕刻出完美的仁王像，而像我們這樣的凡人就更別提了。仁王出現之前、新點子出現之前，我們只能持續挖掘。完成寶物牆面的做法，我分為三步驟：

步驟1：準備工具

工具只有三項：一疊A4紙張、一支簽字筆，和一捲透明膠帶。

步驟2：寫！

把浮現在腦海的思緒，一個勁的寫下來。

不需要煩惱「這真的能派上用場嗎？」、「好像不怎麼樣」、「感覺很普通」。這個階段**只需要把你想到的一切，全部寫在A4紙上**。

這時，還無法判斷什麼內容會打動客戶，也不確定能發掘到什麼，所以不需要決定好壞。而且，這面牆不需要給別人看，字跡潦草也無所謂，但字得寫得夠大。這一步，最重要的是「**量勝於質**」。

之前你已經歷了化身為對方與找到平凡想法兩階段，應該獲得許多點子的線索。倘若忘記了，就再回到前兩個階段。

步驟3：貼到白色牆面上

寫好之後，把這些紙張全都貼到牆上吧！

這面牆不是要做給別人看的，因此你可以隨心所欲張貼，亂無章法也無所謂，排版就等全部貼上後再說。不過，得注意**紙張不要重疊，所有文字都要能映入眼簾**。

其實，我自己最喜歡這個階段。腦海中的思緒逐漸在眼前成形，觀看這個過程實在有趣又神奇。即便隔天早上重新審視，發現「我居然寫下這麼無聊的點子」，也還是很有意思。

反覆進行第二步與第三步，有時則回到前面的階段，直到你的想法貼滿整片牆面。

不能讓鮑魚跑了！

石川縣（按：位於日本本州島中部、日本海沿岸）輪島市往北有座小島，名為「舳倉島」。島上直到現在都還有人從事「海女」（按：以潛水方式捕魚，及採集鮑魚、珍珠為生的人，男性稱為海士，女性稱為海女，今以海女為主）的工作。

海女不帶氧氣筒，而是直接潛入海中捕撈鮑魚。

這份工作的型態大致如下：通常由男性開船，載著海女出海。海女會潛入深海，拿著鐵鉤捕撈吸附在岩石上的鮑魚。她們吸一口氣便能潛入水深五十公尺處，使盡全力撈更多、更大的鮑魚。等到快要喘不過氣時，海女會拉一拉綁在腰上的繩子，小船上的男性看到繩子動了，便使盡全力把海女拉上來。

你可能以為，海女天天潛水，一定很熟悉海底的地形。其實，她們幾乎記不得。一旦浮上水面，她們就無法回到同一個地方。因此，當海女發現了鮑魚，一定會想辦法捕撈，直到真的喘不過氣。

點子之於你我，就像鮑魚之於海女。

突然發現或遇上的點子，要是不馬上寫下來，一定會消失得無影無蹤。當你發現「咦？我好不容易想到的，怎麼現在想不起來呢？」時，已經來不及了。

海女再次潛入海中，也找不到先前發現的鮑魚。點子一旦消失，就很難再想起來。所以，只要一有想法浮現腦海，立刻寫下來！

23 直接打開 PowerPoint 是大忌

筆記本、電腦螢幕都沒有用，
只有房間的空白牆，能為你帶來點子。
正因為是最原始的方法，魔法才能發揮效力。

空白牆既是充滿寶物的牆面，也是魔法的牆面。

這是因為，牆面能把你腦中的混亂思緒整理得清清楚楚，呈現在眼前。

把隨心所欲寫在A4紙的點子貼上牆面，不受任何規矩束縛，不用遵循任何法則。

但是，如果是筆記本可就沒辦法如此隨興了。

筆記本乍看之下能隨興塗鴉，但當你有其他新想法、想要排列順序時，卻無法更換位置。此外，想確認所有內容時還必須翻頁，無法一眼就看見。當你翻到下一頁時，已經忘記上一頁了。

在每一個點子浮現腦海的階段，必須平等對待。而且，你還得在後續決定它們的優勝劣敗。如果寫在筆記本上，就做不到這件事了。

相較之下，牆面就自由多了。不僅能更動排序，覺得重要的內容也能改用大字或紅字標示，再重新張貼。優先順序也能隨心所欲，自由決定。

不僅如此，空白牆上的所有紙張都能一目瞭然，能瞬間掌握整體情況。前前後後翻閱筆記本，不可能俯瞰全景。

以我而言，我從不帶筆記本出門，學生時代以來都沒用過。我總是把重點塗鴉在A4紙上。

PowerPoint 是惡魔

有些人則是會把點子記錄在電腦裡。電子檔可以隨時調動點子的順序，能改變文字的大小、字體顏色，重點處也能畫線標示。事後彙整時只要複製貼上，非常方便省事。

但是，電腦再怎麼方便，也比不上手寫的效果。手寫不用打開檔案，更不用煩惱選字，便捷省事。發現點子這種出自直覺的行為，手寫會比打字更為合適。

除此之外，電腦螢幕不論再大也有極限，先前瀏覽過的部分，會隨著滑鼠滾動而遺忘。

其實，寫在筆記本跟存在電腦的備忘錄裡都還算好，**最大的禁忌是一開始就打開投影片簡報軟體 PowerPoint**。

我都稱呼 PowerPoint 為「惡魔軟體」。PowerPoint 會催眠用戶，把莫名其妙的詞語填進既有的框格裡，再加上圖片和表格，看起來很有一回事。

不僅如此，PowerPoint 還能自由添加內容，讓人不自覺的屢屢補充，導致文章越來越長，字越來越小，資訊大幅膨脹。PowerPoint 使用者自以為完成了優秀的企劃書，自我陶醉的同時，對聆聽簡報的觀眾而言，卻只感到囉嗦又無趣。

等到比稿落選時，才會發現原來自己陷入了自以為是的錯覺。不，大概落選了也不會發現吧！

尤其是在發現點子的初期階段，絕對不能打開這個軟體。一旦打開，你就會陷入自以為是的自戀情結，墜入深淵。順帶一提，我自己從來沒用過 PowerPoint，可能是參加比稿的二十多家廠商中，唯一不用 PowerPoint 卻獲勝的人。

走到第三階段，最重要的就是「隨心所欲」。

我在化身為對方的階段，曾提過「了解縮小範圍的正確條件」；但到了空白牆的階段，則是要擺脫縮小範圍的條件限制，回到「什麼都可以」的自在狀態。

自由能帶來豐富的想像力，打造出讓人愉快的企劃。構思企劃時，要是你自己不開心，聆聽簡報的觀眾也不會高興。因此，空白牆是你的最佳助手，其中充滿空無一物的「自由」。

24

躺下吧！點子是睡出來的

我們常在不知不覺中受常識束縛，導致發現的點子都很無趣。

因此，必須刻意拋開常識。

最有效的方法是邊睡邊思考，邊思考邊睡。

面對空白牆，你或許會覺得「我沒辦法接二連三一直寫下去啦！」這時，一起來想想如何發現新想法吧！以下是我個人的訣竅。

我會花上比所有參賽者更多的時間思考，往往思考一天，是真的一整天時間。關於構思點子的創意書籍，經常提到「集中精神」、「短時間快速構思，不要拖拖拉拉」，我卻正好相反，總是拖拖拉拉，想一整天。這種方式對我而言最有效。

我認為，強調短時間集中精神的人，大概都是才華洋溢的天才，或是把發現點子的時間當作工作、痛苦的時間，所以才想要趕快結束。

但是，我跟這些人不一樣。我覺得尋找點子的過程很有趣，因此我願意為了發現點子，耗費漫長的時間，從早想到晚。上廁所時也想，洗澡時也想，喝酒時也任由思緒飄盪。

「拖拖拉拉想不出好點子」、「多花時間只會陷入僵局」——我覺得這些都是胡說八道，或提倡的人本身是天才。我在**漫無邊際思考時，反而容易遇上連自己都大吃一驚的新觀點**。尤其是放任思緒飄盪、有些心不在焉時，最容易發現連自己都會笑的有趣想法。

其中，又以躺在床上的時間最為重要。**我認為點子是「睡出來」的。**

這不是睡夢中出現神啟的意思，而是刻意讓自己陷入半夢半醒的狀態，潛意識中的點子就能浮現在腦海。

思考撞牆時，就躺下來睡吧！

全球知名的日本漫畫家手塚治虫不僅擅長漫畫，也是出色的動畫製作人，是現代日本動畫的創立者，有「日本漫畫之神」尊稱。據說，他想不出好點子時，會放下筆，到一旁倒立。從腦科學的觀點來看，藉由倒立轉換思考模式的做法，也符合醫學根據。

所有生物都無法抗拒重力影響，人的腦部自然也不例外。因此，要是維持相同的姿勢一定時間，腦部的血液會堆積在同一個方向。我想，手塚治虫是藉由倒立促進血液循環，進而改變思考模式。

我不會倒立，但至少可以改變姿勢，從坐著改為躺在床上。我在辦公室與自家的辦公桌旁，都放了一張床。**每當鑽牛角尖和思考撞牆時，我都會立刻躺下來**。

你可能會認為：「這樣不就睡著了嗎？」對，我就直接睡了。

其實，**躺下來、睡著都與倒立的道理相同，目的在於改變腦部血液循環**。大腦產生α波時，代表身體休息、大腦放鬆。這時，大腦不像平常一樣處於緊張狀態，而能夠擺脫常識的束縛。

換句話說，**進入半夢半醒的狀態，不受成見拘束，可能讓你發現意想不到的點子**。我把這種狀態稱為「無重力大腦」。

其實，我多數點子都是在腦部無重力的狀態下發現。**特別是稍微睡一下後慢慢醒來，繼續躺著思考的時間最棒了**。這種矇矓時分思考企劃，往往會浮現不受成見束縛的精采點子。

每當不知該如何是好，或陷入鑽牛角尖時，我總是立刻躺下來。如果浮現任何想法，我會馬上跳起來記錄。一天下來，往往躺下、起來好幾次。

25 稻子、紅酒，都需要時間熟成

乍看很有意思，其實內容空虛、貧乏；
乍看很無趣，其實一針見血。
剛發現點子時，很難判斷它是否具備價值。
不要慌、不要急，慢慢培養吧！

以下介紹空白牆面的實際活用法：把浮現腦海的所有詞語與印象全部寫下，貼在牆上。不要拚命在一天內完成，而是要花好幾天思考、寫出來。

這段時間非常重要，一定要盡情把腦海中的一切，全部化為文字。

等到貼到一定程度後，再開始凝視牆面。一天看好幾次，並且試著誇獎自己：「做得真是不錯……。」**先誇獎把所有點子都寫出來和貼上去的自己吧！**相信你自己也能感覺到，把點子寫出來之後，和腦中充滿模糊思緒時，腦袋的狀態完全不同吧！

彙整、重新排列，找到點子的線索

接下來，要推敲發現的點子。請仔細閱讀每一張貼在牆面上的紙張。這時，你可能會發現幾乎都是些無趣的點子。但沒關係，牆上充滿寶物，線索必定隱藏在此，不需要擔心。

你可以把數張內容彙整成一張，寫成更大的文字；或是用紅筆圈起來、畫線。嘗試各種不同的呈現手法，寫好後重新張貼，更改順序。

我通常會把**認為重要的文字，打成一至兩行的大字，印出來貼在白色牆面上**。尤其是必須寫成企劃書時，及早印出來查看也是相當有效的方法。有時，我也會把想到的相關事物寫在便利貼，繼續貼上牆面。

看建築大師安藤忠雄的個展或閱讀他的著作時，一定會看到「形象手稿」。形象手稿呈現的是最初浮現在大師腦海中的點子。

有趣的是，這些手稿幾乎都畫在飯店或咖啡廳的便條、餐巾紙上。大師在這些地方靈光一閃，趕緊拿張紙畫下來，代表他很重視即時掌握，不能讓點子跑了！

點子需要時間熟成

我出門也從不帶筆記本，會利用隨手取得的紙張作筆記。結果，包包裡往往堆了好幾張星巴克（Starbucks）的餐巾紙。有時，我也會利用智慧型手機的備忘錄記錄點子。

但是，這些點子不會只留在餐巾紙上或手機裡，我一定會謄在A4紙。接著把寫在A4紙的點子貼上牆面，和其他點子並列。這個動作，我總稱為是「挑戰者登場」。

號稱是東京大學學生必讀聖經《思考整理學》，作者外山滋比古在書中也建議**把點子謄寫出來**。

稻子一直放在苗床裡不會成長，移植到田裡卻會突然快速抽高。點子也一樣，必須移植才會成長。反覆追加修正筆記，有空就看看牆面上的點子。這種乍看之下毫無意義的時間，其實非常重要。

點子跟紅酒一樣，需要時間熟成。無論是多麼微小的想法，都需要一段沉澱的時間方能完成，不可能一發現就能馬上用來提案。

其實，我自己最享受填滿空白牆的這段時間。不受現實限制，任由思緒自由飛翔，這種快樂無可取代。擴大想像的極限，盡情享受這段過程吧！

26

五大聯想法，讓你撞牆時使用

發現點子的過程不見得能一帆風順，
往往有許多挫折、阻礙。
但是，我們不能就此沮喪放棄。
有效的「五大聯想法」，推薦你撞牆時使用。

「進度如何呢？完成你的空白牆面了嗎？」
「我實在填滿不了它，什麼點子也想不到……。」

我雖身經三百戰，也有腦袋一片空白的時候。

雖然說起來不太好聽，不過我通常把這種情況稱作「點子便祕」。要是遇上了，我會馬上轉換思考模式，利用「五大聯想法」尋找新觀點。

原本，這套方法是不擅長寫作文的女兒在使用，但我自己試了之後，也找到關於新點子的線索，替大腦打開另一扇窗。由於效果實在卓越，後來，我自己點子便祕時都會運用這五大聯想法。

這五大聯想法分別為：

一、反義詞（Opposite）。
二、定義（Fundamental）。
三、微觀與宏觀。
四、事前與事後。
五、正面與負面。

反義，更能察覺事物的魅力

之所以會**點子便祕，多半是因為「觀點狹隘」**，也就是只能從一個角度看事情。這時不論再怎麼使力，也擠不出新點子。所以，**改善的第一步是大幅改變觀點，最簡單的做法就是「用反義詞思考」**，刻意從相反的角度看待事情。

例如：善良的相反是邪惡、美麗的相反是醜陋、方便的相反是不便、快速的相反是緩慢。**相反的角度，代表從另一端觀察事物，反而更能察覺事物的原意、意義與魅力**。這正是反轉聯想法。

以我自己為例。有一次，博報堂委託我參加男性時裝雜誌的電視廣告比稿。過去，我從來沒做過時尚相關的企劃，覺得很有意思、躍躍欲試。然而，無論我如何往時髦的方向思考，卻總覺得不對勁，一點魅力也沒有。因此，我嘗試用反義詞來思考。

時尚的意思是「盛裝打扮」，盛裝打扮的相反是不穿，就用這招吧！

最後，我提出的企劃是「在一百名裸女的背影中，摻雜一名裸男的背影」。這種手法超越流行，在比稿時大獲全勝，完成的電視廣告也達到宣傳目的。

定義，找到點子的核心

我總是把「思考定義」這句話掛在嘴上，再三提醒自己不要受到周遭環境與外在影響，要看清本質、追根究柢。正確掌握本質是創意的基礎，有中心思想的點子所向無敵。

有次，我參加某個大型工程公司的影片比稿，主題是介紹公司。

該強調什麼，才能塑造出公司的良好形象呢？是要介紹歷史、成績、專利技術還是研發呢？該介紹的事項五花八門，必須有貫穿一切的核心思想才行，也就是主要文案。於是，我便從「定義」開始著手。

What is Engineering?

這個點子源自「化身為對方」。我想，該公司所有員工應該都被家人、親友問過這個問題：「工程到底是在做什麼？」詢問定義這種手法很新鮮，又能凸顯該公司是業界代表，我的企劃因此大獲全勝。

27 三個切入點，轉換你的僵化腦

想轉換僵化、凝滯的思考模式，你得一百八十度轉換觀點，從自己目前所在的位置，跳躍到完全相反的另一端。這時，你需要三個切入點。

跳出微觀視角，切換望遠鏡

想發現點子，就必須學會轉換觀點。執著於相同的觀點，無法打開另一扇窗。

發現點子的過程中，容易陷入微觀世界，觀點逐漸變得狹隘。人越是集中專心，就越是看不清四周情況。換句話說，便是「見樹不見林」。如此一來，不可能發現新穎、令人驚豔的點子。

這時，你需要的是大幅擴展觀點，從近看改為鳥瞰，化身為鳥類，從天上俯視大地。若用鏡頭來譬喻，可能更容易明白。**觀點在顯微與望遠兩者之間轉換，會出現驚人的效果。**

宏觀與微觀的觀點，換個說法就是在地與全球。

以我自己為例，過去負責拍攝防衛省航空自衛隊的主宣傳影片時，決定呈現航空自衛隊所保衛的日本空域是多麼遼闊廣大。

但是，究竟該如何呈現空域的無邊無際呢？我便從宏觀的觀點，也就是全球的角度開始思考。

我把日本地圖和歐洲地圖重疊，發現日本的大小相當於從葡萄牙到波蘭。沒想到居然能找到如此簡單明瞭的比較案例，我內心感到非常雀躍。

後來，根據這個點子完成的電腦動畫，大受自衛隊好評，還登上了《防衛白皮書》（按：日本防衛省每年定期公布的軍事政策公開說明）。這正是藉由擴大觀點，從宏觀的角度出發所發現的點子。

想凸顯產品效果，用事前與事後比較法

清楚呈現事前與事後的差異，是非常清楚、易懂的點子。例如飲料和藥物的廣告，基本上都建立在食用前與食用後的差異。這種比較方式，也能把點子從模糊不清轉化為清晰明確。

某次，我參加某企業新產品展示會的影片比稿。新產品是一個車用零件，除非是相當熟悉汽車零件的內行人，否則很難了解該零件的特徵。

我在閱讀介紹資料時，發現了一行說明：「重量是原本的三〇%。」於

是，我便決定聚焦於減輕重量的效果，而非說明性能等細節。如此一來，即便是不熟悉汽車的人也能很容易理解。

零件重量減輕七〇%，油耗減少七〇%，行駛距離增加七〇%。我便是這樣想出呈現事前與事後的點子。

電腦動畫中兩輛車並排，一輛是使用原本零件的車輛，另一輛使用的是新零件。兩輛車同時啟動，呈現雙方行駛的差異。比較新舊兩者的差異，凸顯新產品的效果，點子因而廣受好評，也贏得了比稿。

負面的事，切換正面思考

凡事必有光明與黑暗兩面。思考這兩方的觀點，能發揮強大的功效。肯定或否定、讚美或批評，透過完全相反的觀點，可能發現截然不同的點子。

我曾經負責工業廢棄物處理場的建築概念設計。因為是廢棄物處理場，一般的想法都是「盡量低調、不顯眼」。但是我反其道而行，認為應該做醒目又亮眼的設計，便提議把設施做成銀色閃亮的太空梭。

廢棄物處理廠往往是學校社會課校外教學的場地，經常有學生造訪。因此，我覺得比起不會留下任何印象的樸素設施，能夠在腦海中留下鮮明記憶的設計更為適合。

可惜後來因為諸多原因，我的設計最後無法實現。但所有客戶都非常喜歡這個設計，直到最後一刻都還在討論如何實現我的提案。

當你點子便祕時，這五大聯想法能實際發揮作用。透過轉換觀點，鬆動僵硬的腦袋，就能發現新點子。

第三招

思考前，先找一片空白牆

用意

空出房間裡的一面牆，
把腦中思緒全部寫在紙上。
接著，把紙張全貼上牆面。

效果

光憑大腦與電腦，無法掌握點子全貌，
寫下來、貼在牆面上才能完全掌握。
這時的重點是：不要選擇，全部放上去。

方法

填滿牆面三步驟：

1. 工具

只需 A4 紙、簽字筆與膠帶。

2. 寫！

寫下所有浮現腦海的點子。不要在乎內容，量勝於質。

3. 貼到牆上

把紙張全部貼上牆面。隨意貼，但不要重疊，直到填滿。

第十八章

好想法都是「捨」出來的

28 捨棄九九%，創造最強的一%

點子都發現得差不多時，下一步就是琢磨推敲，完成最終定案。

這時要做的，只有一件事——

鼓起勇氣，捨棄好不容易發現的點子。

假設你遇到從一百年或兩百年後穿越而來的旅人，他問你：「你是生在什麼樣的時代？」你會怎麼回答呢？

如果是我，我會說：「在我這個時代，代表人物是史帝夫・賈伯斯與萊納爾・梅西（按：Lionel Messi，阿根廷足球員，二〇一一年起擔任阿根廷國家足球隊隊長，並在二〇二二年帶領球隊奪得世界盃冠軍）。」

因為我相信，這兩個人會流芳百世，後人都會知道他們的名字。可惜的是賈伯斯二〇一一年就英年早逝，享年五十六歲。他是真正的改革家，可說是二十世紀的約翰尼斯・古騰堡（按：Johannes Gutenberg，歐洲第一位發明活字印刷術的人）。

然而，古騰堡的印刷技術耗費多年才普及，賈伯斯卻在數年之內，便顛覆了全球人類的生活。

減法思考，刪除多餘的一切

賈伯斯的中心思想是「禪」（Zen）。對他而言，遇上禪是必然的結果。要是沒遇上禪，他不可能創造出這麼多革命性的產品。禪的基本理念是放下虛榮，抵達真實的境界。而抵達這種境界者，稱為「開悟」。

因此，**禪的思想者重視簡明扼要，把一切單純化的「減法思考」；而非疊床架屋，把一切複雜化的「加法思考」**。

追求真正的簡潔，這就是禪。

或許有人會認為，禪只是打坐到空無境地的宗教。然而，禪不是只有打坐而已。工作、遊戲、走路，甚至睡覺都是修禪。禪包含了生活的一切。

有些企業引進修禪，卻只是用來轉換員工的心情，或是提高注意力、放鬆心靈，這些都稱不上是真正的禪。

不過，賈伯斯不一樣。他師從在曹洞宗大本山永平寺修行過的僧侶乙川弘文，接觸真正的禪。因此，禪不僅是他的人生，連他設計的產品也深受其影響。

我建議大家，一定要到 YouTube 看看他廣為流傳的 iPhone 發表會演說。無論看幾次，我都覺得刺激興奮，可說是簡報的經典。

例如他在演講中，提到要刪除一切：「我要拿掉智慧型手機的按鈕，拿掉觸控筆。」以減法為目標，以簡潔為目標。而至於達成這個目標的商品，就是 iPhone。這正說明了禪的思想：捨棄多餘的一切，追求本質，以終極簡約為目標。

現在，你要和賈伯斯做一樣的事，**大刀闊斧、徹底刪除多餘的一切**。

以濃縮的一%決勝負！

雖然我對賈伯斯讚不絕口，但我認為日本有比賈伯斯更厲害的「導演」。他就是知名的茶道大師千利休，日本人尊稱他為「茶聖」，是藝術史上獨一無二的天才。

以下介紹茶道逸事的書籍《茶話指月集》中的一節：

有一年夏天，豐臣秀吉聽說利休家院子的牽牛花盛開，奼紫嫣紅。他因此命令利休舉辦茶會。到了茶會當天，秀吉滿懷期待前往利休家，卻發現院子裡的牽牛花全部被剪光，一朵也不剩。

他無言的走進茶室，裡頭卻插了一朵美麗的牽牛花。這就是「禪」。

你已經把所有點子寫在空白牆面上，牆上貼滿大量便條。這些點子模糊、囉嗦又虎頭蛇尾，只是偏離正題的塗鴉。這時，你得動手刪除多餘的一切，讓點子更簡潔，能一看就懂。

你真正想表達的是什麼？你的主題又是什麼？

想像自己化身為禪僧、化身為千利休，追求真正的簡潔。

29 點子再好，比稿的決定權都在他

縮小點子範圍，是最重要的步驟。
藉由「捨棄九九％」三步驟，讓點子互相比劃，
凸顯真正的核心！

你已經體會對方的立場，也了解競爭的重心，眼前空白牆面也充滿大量的點子。現在，終於要進入四大絕招的最後階段——捨棄九九％的點子。也許你會覺得前面的過程都在繞遠路，不過，至今的辛勞終於要化為甜美的果

實了。

這一招，請遵循以下三步驟。

步驟1：撕下所有紙張

首先，把牆面上的所有A4紙全部撕下來。

你或許會想：「這些都是我好不容易才貼上去的耶！」但還是要撕下來，讓牆面再次變回空白，重新建立一個空無一物的空間。

步驟2：客觀判斷，重要的點子再貼回牆上

拿起點子的片段，一個一個詳細查看。

先放下自己的主觀想法，以客觀角度重新判斷。要是看著A4紙想到了什麼，就寫在另一張紙上；而若是彙整在同一張紙上比較容易了解，就重新謄在另一張紙上。

我在進行這一步驟時，**會把我認為絕對不能錯過的重要點子輸入電腦，字體放大，接著列印出來貼到牆上**。印刷帶給人的印象，跟螢幕上或手寫字截然不同，一定要印出來看。

此外，**即便是認為不重要的點子，也絕對不能丟棄**。儘管現在覺得它很無趣，但經過重新審視後，或許能繼續活用，成為解決你煩惱的線索。

步驟 3：進行點子淘汰賽

接下來，就是展現你真本領的時候了。這一步，你要徹底推敲自己的點子。推敲、審視後貼上，撕下後又重新貼上——重複這一連串的動作。如此一來，牆面上的紙張會越來越少，範圍逐漸縮小。

每次這種時候，我腦中總會浮現運動賽事的淘汰賽：從八強賽、四強賽到最後兩強爭霸。你的點子在反覆抉擇中，會越來越趨近完美。

對方可能不會喜歡的點子，立刻放棄

究竟要根據什麼標準來刪減呢？以下是我的做法：

第一步是再度化身為對方思考。換句話說，是再次化身為聆聽簡報的對象。思考對方是否會因為這個點子而高興、這個點子是否符合對方期望等。**要是有一個瞬間閃過「對方可能不會喜歡」的念頭，就立刻放棄**。

接下來，**回憶基本點子，並與之比較**。要是覺得「別人也可能想到」，便暫時保留。這些暫時保留的點子可以成為備案。但這是不是最終提案？我們得繼續搜尋下去。

這個階段**最重要的是放下個人喜好**。面對自己辛辛苦苦才發現的點子，難免會產生不捨之情。例如：「這個比較有趣」、「這個比較帥氣」等。但是，重新審視點子時絕對不能以自我的好惡判斷。

別忘了，主角不是你，這時一定要抹滅私人情感。請以客觀的角度審視，並鼓起勇氣刪除冗贅、不重要的點子。放下PowerPoint這類不斷追加的加法思考，改用禪的減法思考。

並且，你要再重新回顧發掘點子的目的，並聚焦於它，例如：企劃的主題是什麼？這個產品哪裡最有魅力？面試時想要強調什麼？

30 需要解釋的，都是失敗作品

「其實，我會這麼提議是因為……。」

需要解釋，表示點子尚未抵達終極境界。

繼續琢磨吧！直到對方能瞬間感動。

把事情變複雜很簡單——只要不斷增加內容，就能營造出豐富的假象。

然而，就像越愛說謊的人往往越囉嗦一樣。多餘的說明都是藉口，反而無法聚焦在核心。發表點子與企劃時，核心模糊不清絕對無法說服對方。

「所以，你到底想說什麼？」、「到底重點在哪？」要是對方這麼想就完了。一旦對方掌握不到重點，你就絕不可能贏得企劃比稿或面試。

以二〇二〇東京奧運為例，從奧運標誌、吉祥物、開幕典禮到閉幕典禮，我認為都是缺乏清楚意向的點子。不論設計或表演，概念都不清不楚，得聽了說明才能恍然大悟。

需要解釋的點子，代表徹頭徹尾失敗。為了避免發生這種情況，你必須自行刪除冗贅的部分，把點子琢磨到最精練、簡要的程度。真正的好點子不需要多餘藉口來說明，而是在看到的瞬間便能理解。

三秒定律，判斷點子好壞

你聽過網站的「**八秒定律**」嗎？

這項定律原本意指若沒辦法在八秒之內顯示整面網頁，用戶就會按捺不住，而前往其他網頁。後來演變為**用戶判斷網頁對自己有無意義的時間**。但現在，**八秒定律已經縮短成「三秒定律」**。三秒幾乎是一瞬間的事，由此可知，現代人必須立刻做出判斷，而且也做得到。

對於超級沒耐性的現代人而言，從判斷點子到人的好壞，全都是秒速決定。無法透過一句話、一行字表達，對對方而言便是鬆散的企劃、沒有意思的無聊人類。花時間相處，掏心掏肺就能了解彼此等，都已經是遠古時代的做法了。

所以，我們不能期待只要自己拚命說明，對方就一定能了解。快速表達，是現代人不可或缺的重要能力之一。

以下介紹一個實際例子：

有一次，我參加日本國內數一數二的能源公司公關宣傳影片比稿。內容是供給天然氣的系統，用貨船把澳洲生產的液化天然氣運送到日本，再從儲槽輸送到日本各個縣市。

該用什麼方式呈現，才能讓一般人也看得懂這套系統呢？

一般的呈現手法，大概都是拍攝在澳洲採集天然氣的光景，或大型液化氣體貨船橫跨海洋的壯觀景象。

但我考慮的方向與此大相逕庭。因為，無論是運送的是石油還是氫氣，都是相同的畫面，大家早就看膩了。宣傳影像需要的是更加根本、更加簡潔的點子。

我思考了各式各樣的主要文案，最終結果是將概念設定為「連結」，連結澳洲與日本、連結液化氣體貨船與各個縣市、連結企業與家庭。當我想著想著，突然靈光一閃：連結澳洲與日本的家庭。

接著，我把連結轉換為具體的「握手」，決定主視覺為「負責採集天然氣的澳洲礦工，與小學生年紀的日本小女孩握手，雙方面露微笑」。這幅畫面讓人看了不禁露出微笑，同時也明確象徵了這套運送天然氣的系統。

至於其他點子和競爭對手，都因為缺乏自信，增添許多說明來擦脂抹粉，最終未獲得採用。

若你的點子經歷過不斷琢磨、刪減的過程，到達簡明易懂的境界，和對手肯定有著天壤之別。

31 我一現身，他們就說「日本的賈伯斯來了！」

徹底琢磨、捨棄的成果，面對任何對手都有機會獲勝，

只要一秒鐘，就能抓住對方的心；一分鐘就決定比稿結果。

接下來，讓我來介紹「傳奇的簡報」案例。

相信讀到這裡，你已經明白捨棄點子的重要性。然而，你可能還是不知道該如何執行這項步驟。以下介紹我的經驗，說明如何讓點子更單純。

我曾參加某次防衛省的影像比稿，徵求影片單位是其下的「支援課」。

支援課的工作，是協助退伍的自衛官尋找人生第二春。而影片的客群，則是民間企業的人事單位。

支援課希望透過影片，展現自衛官的優點，以及他們在民間企業工作的優勢，期盼藉此提升退伍自衛官的就業率。

我首先化身為對方：自衛官，想必非常守紀律；經歷過嚴格的訓練，所以對自己的體力肯定相當有自信。近年來，年輕人經常遭嫌棄缺乏耐力，但經過訓練的自衛官，耐力一定優於普通人。他們其實充滿著不會輸給社會人士的自信。

但另一方面，自衛官恐怕不曾思考過賺錢這回事，不懂「利益」兩個字的意義。雖然他們擅長遵守命令，但在自主性和應用這些方面，他們的表現又是如何呢？我感覺到，他們在自信與不安之間搖擺不定。

所以我認為，自衛官轉換跑道與普通社會人士換工作，完全是兩回事，不是單純自A公司移動到B公司這麼簡單而已。

正確來說，是從接受命令與完成任務的世界，進入賺取利潤、利益優先的業界。這兩個世界判若天淵。

我必須先讓自衛官了解職業軍人與民間企業工作的差異才行，否則播放給企業人事部門看的影片，肯定無法吸引對方目光。因此，這次比稿的第一步，是要改變所有自衛官的意識。

有了這個方向後，我便開始隨心所欲寫下點子，在辦公室的白色牆面貼上大量便條紙。接著從中鎖定主題，發現有個點子能放在簡報開頭（請見下圖）。

把這張簡報放在開頭，想必會讓在場所有自衛官驚訝得啞口無言：「這是什麼意思？你在說

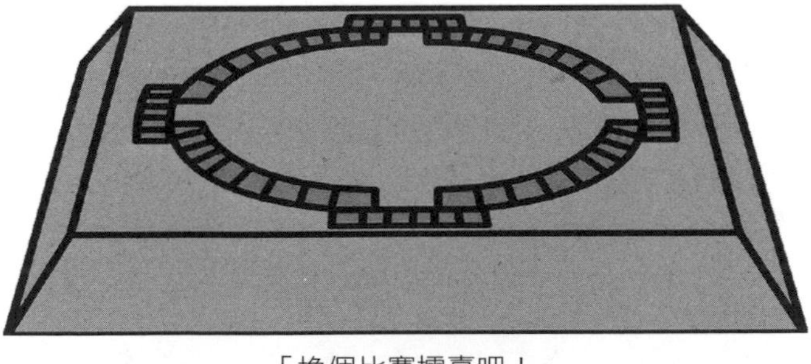

「換個比賽擂臺吧！」

什麼？」（而當時的簡報現場，大家也確實非常驚訝）其實，關鍵正是大家心中湧起的疑問。這個開頭徹底打敗其他競爭對手。

其實，我想表達的不過是「站在企業的角度來推動企劃！」但是，光用口頭表達無法打動對方，也無法留下印象。這種時候，藉由突然展示「比賽擂臺」的插圖，帶來的衝擊足以讓對方忘記競爭對手。

當時，參加比稿的共有十八家公司，包括知名廣告公司與影像製作公司等，最後勝利的卻是我的企劃。據說，所有評審一致同意採用我的企劃。

後來，其中一位擔任評審的自衛官告訴我：「杉森先生的簡報，從開頭就吸引了所有人的注意力，一分鐘便獲得評審青睞。隊員都說那是『傳奇的簡報』。」

自此，每次我走進防衛省公關室，他們都會說：「日本的賈伯斯來了！」

第四招

捨棄99%，創造最強1%

用意

從寫下來的點子當中，挑選合適的想法，
接著縮小範圍、刪除冗贅，
並且不斷推敲、琢磨，直到點子一看就懂。

效果

簡化複雜、需要解釋的點子，
打造出簡潔、肯定會贏的最終企劃。

方法

捨棄點子三步驟：

1. **撕下所有紙張**
   把貼滿牆面的紙張，全數撕下。
2. **重要的點子再重新貼上**
   以客觀的角度判斷，重要的再貼回牆上。
3. **舉辦點子的淘汰賽**
   不斷縮小範圍，直到最終定案。

第七章

發表點子的方式，也需要點子

32
你的嘔心思考不能毀在最後呈現

發表點子的方式，也需要點子。
單調無趣的發表方式，會削弱它的魅力。
既然嘔心瀝血、好不容易才完成，就得思考如何完美呈現！

點子終於完成，接下來是發表的時候了。

無論你是為了新產品會議、企劃比稿、推銷用的簡報或面試，最終都必須展示自己的點子，使其發揮最大效果。

如果有人問我，這個時代最值得向全世界介紹的日本人是誰，我一定毫不猶豫回答「安藤忠雄」。眾所皆知，他的建築風格獨一無二。凡是參觀過他的建築物，都能感受到他的特色。

先累積觀眾的期待值，創造驚嘆的瞬間

安藤忠雄的建築物，一定不會在該處停車場旁邊，而是有一段距離，讓參訪者即使到達現場，也無法馬上看見建築物。正確來說，是他刻意不讓人看到，希望大眾無法輕易接觸。

此外，他大多數的建築作品，都隱藏在高高的牆壁後方，來參觀的人必須沿著牆壁走上一段距離。這段距離，就隱含了安藤忠雄的企圖。

在行走的過程中，提升參訪者的期待，促使其心情越來越激動。當期待值達到頂點時，建築便在轉彎的瞬間映入眼簾。

相信每一位參訪者心中，都會浮現「哇！這是什麼！」的驚嘆，並留下無比深刻的印象。

以北海道星野 TOMAMU 度假村內的「水之教會」為例，你會先行經一段漫長的混凝土牆，接著，看見一大片淺池正中央出現一座十字架。十字架搭配北海道的蔚藍晴空，朝天伸展的開放感強烈感動人心。

另一個例子，是淡路島（按：位於日本西部的島嶼，是本州、四國與九州之間的「瀨戶內海」最大島）的「本福寺水御堂」。走過漫長牆壁後，映入眼簾的不是佛寺，而是正圓形的混凝土蓮花池。佛寺就在蓮花池的正下方。如果在天氣晴朗的日子造訪水御堂，陽光灑入紅色窗櫺，御堂內充滿耀眼的紅色光芒，彷彿來到佛教中的西方淨土，美不勝收。

安藤忠雄的建築，不是用「看的」，而是要「體驗」。

以主觀體驗取代客觀欣賞，正是他的作品不同於其他建築物的精采之處。因此，能深深刻劃在參訪者腦中，帶領人以身體記憶參觀時的體驗。

這種體驗換個說法，就是所謂的「戲劇性」。安藤忠雄的作品，就是具備這樣令人激動不已的戲劇性。

點子也是一樣。發表點子時必須具備戲劇性。不是要你刻意說些感動人的話，或是安排發表的起承轉合。你唯一需要留意的是「**發表的高潮要安排於何處？**」

你想在什麼時候，說出最希望受眾人矚目的點子？光是決定好發表點子的時機，簡報自然充滿戲劇張力，而能引人入勝。以安藤忠雄的建築作品為例，便是走過漫長牆壁之後，看見建築主體的瞬間。

無論是多麼優秀的點子，沒有任何前提便突然提出，無法顯示其優點。平凡無奇的發表，會削減你這份企劃的魅力。**先累積觀眾期待的情緒，當對方期待情緒高漲到頂點時，再說出你卓越、傑出的點子。**

發表是一場表演。要是對方露出驚訝或肯定的笑容，代表勝利已經掌握在你手中。

33 管他對手有幾個，反正我一定要贏！

體驗過四大絕招後，你應該好好誇獎自己一番，這時，不需要謙虛、客氣，你的點子肯定是最棒的！最後的工作，只剩發表。

沒有人比我更體貼對方，更站在對方的立場思考；我也已經事前設定可能的競爭對手，確立競賽的核心。利用空白牆面，我發現無數不受常識束縛的點子。最後，透過捨棄九九%的點子確定主題，找到符合的提案。

到這裡，我已徹底執行了四大絕招。沒有人可以贏過我，這世上不會有人贏過我。這時，我總是會自我暗示：**我找不到失敗的理由！**

這句話有點像咒語，也送給你，為你鼓勵打氣。

發表的關鍵：享受其中

我認為，**點子需要自吹自擂**，單憑謙虛與客氣，無法打動對方的心。尤其是發表點子時，自吹自擂帶來的自信格外重要。飽含自信的能量，必定能傳遞到對方心中。

面試也好，企劃簡報也好，這些場面都可能遇上競爭對手。但是，遇上了也不需要特別在意。畢竟，這些人並不是你的對手，**真正的競爭對手其實是你自己**。

大家常常誇讚我，竟然能在二十家公司參加的比稿傲視群雄。但在我看來，勝負與對手人數毫無關係。不僅是人數，連對手是誰也無所謂。無論對手是誰，只要點子夠好，一定會贏。

換句話說，真正的對手是自己。

比稿、企劃提案等，並不是參加百米賽跑，不需要如此在意競爭對手。這個戰場不用思考如何打敗對手，而是單純以點子好壞一較高下。

此外，發表點子的關鍵在於發表人必須樂在其中。發表時，你要把自己當作舞臺上的主角。想像自己是芭蕾舞團的女伶，或是搖滾樂團的主唱。

我是在賈伯斯身上學到這件事。我一輩子都不會忘記，他的產品發表帶給我的衝擊：原來發表是這麼快樂的事！發表人享受其中，會場所有人也會自然投入。

我從來沒體驗過這種現場表演。透過他的演講，我學到發表的內容固然重要，但發表形式本身也不可輕忽。賈伯斯的演講不只是單純的產品發表會，而是充滿魅力的表演（show）。

「你覺得我的點子怎麼樣？」當賈伯斯露出像小孩惡作劇般的笑容時，實在非常吸引人。他的笑容，象徵點子改變人類歷史的瞬間。

34 不只用來比稿，日常生活也能應用

這四大絕招，在任何情況都能派上用場。
把發現點子的步驟，培養成生活習慣，
如此一來，你的人生一定會進化。

本書接近尾聲，你已經學會發現所向無敵點子的方法了嗎？
雖然我說四大絕招是發現點子的方法，但其實也可以說是促進人與人彼此了解的基礎。

化身為對方、**徹底站在對方的立場**，代表連對方的心情也瞭若指掌，這種態度**能帶出體貼與共鳴**；事先推測一般人會想到的點子，換句話說，就是藉此**了解社會認知的標準與平均值**；發現點子並寫下來，也就是思考「**要向對方說什麼**」；琢磨、捨棄，縮小點子的範圍，就是**體貼對方、調整成對方容易理解及接納的說法**。

因此我才會說，**所向無敵點子發現法是了解彼此的基礎能力**。

四大絕招，日常生活也能用

倘若每個人都能做到化身為對方，打從心底徹底了解對方的立場，近年來發展為全球運動的「黑人的命也是命」運動（按：Black Lives Matter，抗議針對黑人的暴力和系統性歧視的國際維權運動）和LGBT等性別議題，自然能更妥善的解決。

此外，把這發現點子的四絕招變成你永不忘懷的習慣，能運用在日常生活的各種情況。例如飯局、線上會議、出門旅行、面談，或是和陌生人見面等。你可以隨時活用，進行簡單的事前準備。

你或許不用做到把點子寫出來貼在牆面的步驟，但至少可以做到化身為對方，站在對方的立場思考。接著，可以在腦中打造一道白色牆面，隨心所欲提出各種想法，再不斷刪減、琢磨，確定點子的中心。這一套事前準備，無論何時何地都能派上用場。

說出來大家或許會笑我，我其實連聚餐前都會如此準備。因為我想和對方共享愉快的聚餐時間，希望能夠有效的運用有限時間，同時希望對方也覺得跟我在一起很愉快。不過，我並非勉強自己這樣做，而是這套方法已成為我日常生活的一部分，一點也不費力。

尤其是養成化身為對方的習慣，能大幅改善人際關係。無論對方是你的家人、伴侶、上級或部屬，養成站在對方立場思考的習慣，就不會出現以自我為中心的發言和行動。

現代社會的溝通方式日新月異。然而，我認為**正因為現代社會變化如此迅速，發現所向無敵點子的方法更是有效**。一旦學會了，你的人生就此一飛沖天。

後記
別等待奇蹟，你得主動創造

「我♥點子！」

你或許會覺得，我把這句話放在書裡很輕浮，但這就是我人生的總結。

我喜歡一個人胡思亂想的時間。不過，我更喜歡發表點子時，觀眾突然綻放笑容的瞬間。這是做其他任何事都體驗不到的幸福瞬間。這種時候，我總覺得為了點子而勞心勞力真是值得。

點子好比音叉，需要引發周遭共鳴，而非只是放在自己心裡沉澱。它是連結人與人之間關係的良好媒介，也能促進陌生人彼此了解。

我深深期盼，原本認為「我總是沒有靈感」而放棄思考、發想的人，能夠透過這本書決定再次嘗試看看。

無論你的身分是什麼，點子一定都能大幅左右你的人生。就像我一路走來，人生經歷許多變化。你說這是奇蹟嗎？我想或許是奇蹟。但是，**我們該做的不是等待奇蹟降臨，而是主動創造奇蹟**。

我的人生曾經陷入谷底，多虧遇上許多貴人，利用點子的力量鼓勵我振作。我想在此向這些貴人致謝。

首先是文案寫手真木準與前博報堂創意總監小澤正光。兩人曾帶給我許多線索，促使我發現許多點子，在此向兩人在天之靈表示謝意。

前電通的創意總監溪雅弘、電通公共關係公司（現更名為電通 PR 顧問公司）的外山大，以及影像製作公司 Paradise Cafe 的追分史朗，三位是從天降下蜘蛛絲給我的大恩人，我也在此表達由衷謝意。

另外，我要感謝編輯桑原哲也給我機會執筆本書。初次見面時，他說我像「野武士」，也就是不效忠任何藩主的武士。對於像我這樣不屬於任何公司、獨來獨往的人而言，這是最高級的讚美。我非常感謝他找上我，並在撰寫本書的過程中對我諸多指導。

最後，我要感謝拿起本書的你。期盼你所發現的傑出點子，能為你的人生與世界帶來耀眼光芒。

國家圖書館出版品預行編目（CIP）資料

比稿勝率 88%的點子製造王：點子不須原創，而是發現。任何要「比」的提案：企劃、產品研發、轉職、升學面試……怎麼讓客戶只選你。／杉森秀則著；陳令嫻譯 . -- 初版 . -- 臺北市：大是文化有限公司，2023.05
208 面；14.8×21 公分 . --（Biz ；427）
ISBN 978-626-7251-68-3（平裝）

1. CST：企業管理　2. CST：創意　3. CST：創造性思考

494.1　　112002422

Biz 427

比稿勝率 88%的點子製造王

點子不須原創，而是發現。任何要「比」的提案：企劃、產品研發、轉職、升學面試……怎麼讓客戶只選你。

作　　者／杉森秀則
譯　　者／陳令嫻
責任編輯／連珮祺
校對編輯／陳竑悳
美術編輯／林彥君
副 主 編／馬祥芬
副總編輯／顏惠君
總 編 輯／吳依瑋
發 行 人／徐仲秋
會計助理／李秀娟
會　　計／許鳳雪
版權主任／劉宗德
版權經理／郝麗珍
行銷企劃／徐千晴
行銷業務／李秀蕙
業務專員／馬絮盈、留婉茹
業務經理／林裕安
總 經 理／陳絜吾

出 版 者／大是文化有限公司
臺北市 100 衡陽路 7 號 8 樓
編輯部電話：（02）23757911
購書相關諮詢請洽：（02）23757911 分機 122
24 小時讀者服務傳真：（02）23756999
讀者服務 E-mail：dscsms28@gmail.com
郵政劃撥帳號：19983366　戶名：大是文化有限公司

法律顧問／永然聯合法律事務所
香港發行／豐達出版發行有限公司 Rich Publishing & Distribution Ltd
地址：香港柴灣永泰道 70 號柴灣工業城第 2 期 1805 室
Unit 1805, Ph.2, Chai Wan Ind City, 70 Wing Tai Rd, Chai Wan, Hong Kong
電話：21726513　傳真：21724355
E-mail：cary@subseasy.com.hk

封面設計／林雯瑛、林彥君　內頁排版／王信中
印　　刷／緯峰印刷股份有限公司

出版日期／ 2023 年 5 月　初版
定　　價／新臺幣 380 元（缺頁或裝訂錯誤的書，請寄回更換）
I S B N ／ 978-626-7251-68-3
電子書 ISBN ／ 9786267251652（PDF）
9786267251669（EPUB）